真正的接纳，
就是爱上
不完美的自己

〔美〕爱丽丝·博伊斯（Alice Boyes） 著

李昀烨 译

The
Healthy
Mind
Toolkit

中国友谊出版公司

图书在版编目（CIP）数据

真正的接纳，就是爱上不完美的自己 /（美）爱丽丝·
博伊斯著；李昀烨译 . -- 北京：中国友谊出版公司，
2019.7

书名原文：The Healthy Mind Toolkit

ISBN 978-7-5057-4664-0

Ⅰ . ①真… Ⅱ . ①爱… ②李… Ⅲ . ①思维方法
Ⅳ . ① B804

中国版本图书馆 CIP 数据核字 (2019) 第 057140 号

书名	真正的接纳，就是爱上不完美的自己
作者	[美] 爱丽丝·博伊斯
译者	李昀烨
出版	中国友谊出版公司
发行	中国友谊出版公司
经销	新华书店
印刷	天津中印联印务有限公司
规格	880×1230 毫米　32 开
	9 印张　197 千字
版次	2019 年 7 月第 1 版
印次	2019 年 7 月第 1 次印刷
书号	ISBN 978-7-5057-4664-0
定价	45.00 元
地址	北京市朝阳区西坝河南里 17 号楼
邮编	100028
电话	(010) 64678009

致赛莱斯特（Celeste）——母亲眼中最棒的女儿。

目　录

第一部分

我们为什么不接纳自己

第一章

幸福，从接纳自己的不完美开始

欢迎翻开这本书

每当你让自己陷入麻烦的时候，是否会有一种对自己暴怒的感觉？比如你本想认认真真地完成上司的要求，最后却搞得一团糟；或者在店里买了一袋家庭装爆米花，本来没打算吃掉，最后却没忍住全吃了；再比如因为对自己的能力不够自信，而错失了绝佳的机会。以上的情形都有一个共同点，那就是你已经陷入了固化思维的困局。

在本书中，你将发现那些阻碍你进步的思维方式，并且找到摆脱这些习性的方法。本书将带你走出思维与心理的困境，你的心境会变得平和、愉悦，生活也会变得高效、自由而从容。

现在，让我们一起来看看你在做决定之时，会产生什么误区。本书会将那些你所需要的，有助于把思维和行为变得积极的、独一无二的技巧方案进行整合。我们将根据你的性格特点、生活方式以及个人喜好来量身定制你的方案。最终，你将变得更加轻松，生活会向好的方向转轨。你也会获得足够的心理能量来消除日常的焦虑，有勇气去迎接更有意义的人生挑战！

本书分为五个部分：自我认识、基本技巧、思维纠偏、亲密关系，以及最后的工作与财富部分。在现代生活中，我们中的大多数人都没有足够的闲暇，也没有足够的意愿去执行那些过于复杂、消耗精力的问题解决方案。我们更加需要便捷而可行的解决办法。而在此书中，你就可以学到很多这样的方法。我们致力于让你了解如何获得自己想要的东西，同时也帮助你将自己的想法变成现实，从而更容易将自己的思考与书中的技巧相结合，并且应用于生活中。

自我厌弃行为是十分普遍的，所以请你放心，你并不是唯一受困于这个问题的人，那些在思维和行动上都显得顽固不化、一意孤行的人并不少见。通过一些小策略，我们可以避免生活上的压力，同时也可以轻而易举地发现自己思维中的局限性，并迅速地把自己纠正过来。我在这些方面都获得了明显的改善，比如说：学会劳逸结合；适时地关掉手机；为一堆工作制定优先级；为眼前的挑战寻求最简单的解决方案并且付诸行动；在工作和休闲之间寻求平衡（避免过度的工作和过度的懒散）；避免做些因小失大的傻事。

当然有的时候，我也发现自己很难彻底告别自我厌弃行为。在面对变故和惊惶的时候，我也很容易产生焦虑型的防御反应。比如最近，我有一个朋友提议加入我提前计划好的家庭旅行，因为我们原本的行程安排里，包括去拜访一位我俩共同的老朋友。而我基于本能的第一反应，就立马跟她说："要照顾三个小孩子的饮食起居和协调大家的时间安排，实在是太难了吧！"事实上，我明白自己之所以会萌生如此消极的想法，实际是出于对原计划改变的抗拒。果然，经过几分钟的思考，我就意识到三个老友相聚的意义，远比计较那些时间安排等细枝末节的事情要重大得多。我条件反射般的犹豫，马上转为了即将见到两位老友的激动。同样地，每当有人冷不丁有求于我时，我往往都会高估对方所求之事的难度。而事后回顾起来，我会发现那些事情完全都是小事一桩（甚至是我乐意去做的事）。每当我碰到棘手的要求（比如朋友提出的不情之请），只要我花时间思考并且解构这些任务，也可以快速找到折中的方案，或是灵活的解决方法。虽然我在这一方面颇有研究，但还是不能够完全隐藏自己的下意识反应，有时候还是需要回头"清扫战场"，比如向别人道歉，并且纠正自己偏颇的态度。

理想化地说，运用本书中的知识，你可以从源头上避免自我厌弃的行为。而现实一点来说，你起码可以像我一样，尽量地避免自我厌弃行为，做到及时止损。我们的一些不良习惯，一部分可以得到彻底改善，而还有一部分需要循序渐进地改变。我将帮助你有条理地面对这些不良的思维模式，而不是不断地陷入苛刻的自我批评与反思，以及对他人的抱怨之中。通过这种方式，你可以在一定程度上限制（甚至逆转）对自己或者是对亲密关系所产生的消极态度。

有趣的是，许多看似不相关的自我厌弃模式，其实是同一枚硬币的正反面。以下就是一些相关联的例子。你曾经这样评价过自己吗？

你是否：

生活中有太多杂事，毫无条理与章法。	←——→	严格地遵守规范，哪怕是强加于自己的。
太轻易放弃。	←——→	过于坚持。
行事莽撞而冲动，欠缺思考。	←——→	想得太多，行事迟疑不决。
盲目乐观，只关注事物的潜在优势，而不注意其潜在问题。	←——→	一味地悲观，对任何积极的想法持怀疑态度，为一点小事忧心忡忡，面对许多潜在的机遇也望而却步。
不懂得从过去的错误中吸取教训。	←——→	陷入过去的失误不可自拔，容易过度自责和内疚。
只关注现在，认为及时行乐最重要，时常不顾未来的安危。	←——→	善于着眼未来，认为当下的苦难都是为了今后的成功。
习惯性地责咎他人，低估了自己对生活的掌控力，容易将责任推到别人头上。	←——→	一味包揽责任，高估自己对关系和事物的掌控力，坚持一切都事必躬亲。
你对自己的偏好没有坚定立场。	←——→	喜欢让别人遵从自己的观念、计划和志趣。

对于自己和未来没什么打算，自我反思太少。	←→	对自己太过苛刻，甚至吹毛求疵。
总是低估任务的难度和耗时。	←→	倾向于高估任务的难度和耗时，常表现出无谓的担忧。
消极怠工。	←→	过度操劳。
不能有效地利用碎片时间。	←→	争分夺秒地工作，不给自己一点点必要的、没有负罪感的休闲时光。
乐于空想。	←→	太过保守。
不在乎他人的想法，不管自己是否影响到了别人。	←→	过于关注他人的想法。
容易妄自尊大，功劳都归于自己。	←→	常常自我怀疑，不相信自己能够干成事。
过于轻信他人。	←→	不安而多疑，对他人恶意揣度。
不愿表达自己的需求，只求避免冲突的发生。	←→	不停地挑起事端。
相信自己不会被规则所束缚。	←→	过于遵守规则，不能意识到规则也会有弹性和灰色地带。
过度地自我牺牲。	←→	过度以自我为中心，有些自私自利。

正如我们在这个表格中所见到的那样，否定自己的形式千奇百怪，有的与他人无关，有的则关乎社交。即使是一些看上去很普遍的贬低方式，落脚到每一个人的身上，反应的方式也是不尽相同。我并不奢求列举出所有的自我厌弃类型（那是一本书写不完的，我可能需要建一整个图书馆），只希望提供一个简单并且可以引起共鸣的方式，告诉人们如何去处理大多数的自我厌弃模式。你越多地将本书中给出的技巧习惯性地运用到自己的生活中，你就越能够充分地理解它们。如果你读到这里还是觉得很难理解，请别着急。随着了解的不断深入，你总会找到适合自己的方法。读完这本书，你就会对生活中的问题形成一套特有的解决方法，这套方法对你充分理解自己和顺利解决生活中的问题，都有着积极的效果。

这本书中的观点与技巧，主要都来源于认知行为主义流派的相关理论和研究。虽然"认知行为"这个词听上去比较学术，但它的目标很明确，就是让你的思维和行为调整到最为积极的状态。虽然自我厌弃主要与思维相关，但对"认知"和"行为"这两个词都进行强调，其实是非常重要的。因为行为的改变，是让思维产生转变最为快捷有效的方式之一。健康的心灵基于健康的行为，这也就是为什么本书中会提到很多针对行为改善的策略，也是为什么我们对思维和行为的关系要有如此深刻的关注。为了整合自己的思维方式，我们需要规制自己的行为，即便在细微的选择上也要留意，这样才能改善自己潜意识之中的坏习惯。

认知行为疗法已经得到了广泛应用，特别是在那些心理互助小组的团体研究中。几十年来的研究表明，认知行为疗法对于情感和行为的改善，都非常有效。有很多常见的心理问题，比如焦虑和压力，都伴随着大量的自我厌弃行为，这些行为促使人们卷入过度的自省（对于过去的事情想太多）、担忧（对未来想太多）以及低落的情绪。因此，即使这本书并不是针对心理健康问题的缓解，但你如果压力过大或者焦虑症状明显，我提供的这些策略，很可能对你的问题也有改善作用。

你并不需要完全消除自我厌弃

这本书的目标，并不是要让你完全地消除自我厌弃。事实上，完全消除自我厌弃在充满竞争和欲望、时间和精力都十分有限的生活中，并没那么有用。而阅读这本书有个更好的目标，那就是辨认并消除那些对你的健康、幸福以及亲密关系有害的模式。比如说，晚一点给朋友回电话的严重性，并不等同于发现自己长了一颗类似于皮肤癌的黑痣，还迟迟不去预约医生。本书会为你指出，哪些行为必须要减到最少，哪些习惯留着也无妨。对你来说，最关键的是找出那些最容易对你造成伤害的自我厌弃行为，而并非减少你产生这些行为的频率和次数。通过将那些对你的潜在影响最深远的行为找出来，并且优先消除掉，那你就相当于消除了自我厌弃对生活的大部分消极影响。

制定目标，合理应对思维局限

在你阅读这本书的过程中，有一条无法摆脱的规律，那就是你在克服自我厌弃的过程中，也会受到很多自我厌弃行为模式的阻碍。这是很正常的现象，不分主次、想要一次性将这些行为都解决掉，就是典型的一个阻碍。为了在源头就阻断它们，让我们先看几种本书中所提到的制定目标的方法。选择其中一种方案，可以避免你产生一下子消除所有自我厌弃行为的妄想，这样你就不会感到不知所措，从而半途而废。

方案一：计算一下你阅读这本书以后最佳的投资回报是怎样的，然后设置一个明确可行的目标，来得到预期的回报。比如，你买这本书花了16美元，花了8个小时来阅读，并且吸收书中的意见和建议，那你应该能够鉴别并且改善自身5种自我厌弃的模式。

方案二：若是自我厌弃的模式仅仅对于生活中的某一个方面产生了较大的影响（比如亲密关系或者事业），那你应该选择那些最相关的材料细细研读，而剩下的部分可以基于兴趣看看，不必完全照做。

方案三：如果你想要充分地掌握所有方法，使得收益最大化，那你就须要在5个主要生活维度上都做出改善。它们分别是：总体自我调节、组织、亲密关系、工作以及金钱。否则，你就只需针对你最感兴趣的章节研读并且照做即可。

小测试：基于以上的建议，你可以制定出自己阅读这本书的首要目标。当你实现了最初的目标后，还可以制定一些更加长远的目标。如果一开始就把目标定得太高，你很可能因为负担过重而早早放弃。

如果你担心自己没有动力通读本书，那就仔细看看你自己最喜欢的一条建议，并且直接开始行动吧。你随时可以在阅读上稍作中止，直到养成了书上所提到的好习惯，再重新开始接着阅读本书。这种方法尤其适用于那类"思想上的巨人，行动上的矮子"。

改变行为，从认知升级开始

我在成为作家之前，是一位独立执业的临床心理学家，我在自己的出生地新西兰工作。我一直秉持着这样一种模式：我和来访者通过会面，来解决一个特定的问题。而来访者也会对自己的思维与行为模式产生更深的思考。每次会谈结束后的一段时间，他们都表示很满意，因为产生了新的见解，获得了新的技巧。但是过了几个月、几周或者仅仅一周，来访者又会陷入旧的问题之中。虽然对于来访者来说，情况可能看上去是不同的。因此可见，他们并不会将之前习得的技巧举一反三，运用于新的情境。

如果你发现自己也有这个问题，要意识到这其实是一种普遍现象，你不是一个人在战斗。很多时候，我们都没有办法将那些针对特定场合的技能举一反三地迁移到其他问题上，因为我们不知道它们会不会产生同样的效用。在很多时候，真正改变自己循环往复的模式需要一点时间，但你若是充满耐心、自信以及毅力，你终究是可以做到的。当你意识到自己"重蹈之前覆辙"的时候，你总会感到难堪的，毕竟你自认为问题已经解决了。在你可以轻易举出 10 个相关例子之前，你是很难真正理解一种思维或行为模式的。

即使是你已经彻头彻尾地对自我厌弃模式产生了理解，并且掌握了很多的应对技巧，你依然会在少数情况下犯老毛病。但好消息是，你走到这一步以后，对自我厌弃模式有了一定的了解，事情就没有一开始那么难了，起码你会本能地使用一些策略。当你发现自己陷入了以前的模式，你会很快找到让自己受用的解决办法，或者你起码可以更熟练地鉴别它，以便下一次不再犯同样的错误。

学会正向思考，放弃自我批评

当你发现自己有书中提到的自我厌弃模式，有可能产生"哎，我就是这样"的想法。你要记住，我们都是会有自我厌弃行为的。而本书中的那些模式之所以被提及，是因为发生频率太高了。当这些事件发生的时候，我们中的大多数人，包括我自己，都会产生一种习惯性的自我厌弃。而在这时候，羞愧感和自我批评并不能保证我们达到目的，反而会产生不良的作用。因此，这本书对于那些完美主义者以及责任感太强的人，也会有一定的吸引力。你或许会感到自己将生活、幸福和亲密关系搞得一团糟。一旦产生这样的想法，你就应该更多关注自己做得对的事情，正如你之前一心着眼于办砸的事情一样。有一句富有禅意的谚语是这样说的："只要你还活着，你就有价值。"如果你在本书中找到了适合自己的方法，就说明你具有良好的解决问题的本事，也有能力去运用对自己有帮助的策略。值得注意的是，如果你习惯于只关注自己的失误，这本身就是一种自我厌弃模式。它会剥夺你改变自己的信心以及自制力。当人们懂得认知行为技巧的道理，却依然在感情和行为上产生困境，其实就是一种缺乏自我同情的表现，而持续不断的羞愧感与自我批评，又会将他们打回原形。

另外，正如书中所写，你如果在行为模式的优先级排序上遇到了困难，很可能你是个完美主义者，这就是找到切入点的绝好机会。当你对自己产生过高的要求时，任何的小瑕疵、小错误和小挫折都能让你感觉发生了天大的事。完美主义者为了摆脱自我批评的重压，才会将小小的失误看作天大的事。他们陷入自我批评以后，很容易陷在由过去的失误所带来的小小恶果中无法自拔，最后消极情绪会由小小的土丘积攒成高山，并无限扩大下去。而完美主义者常常并不认为自己是在自我批评，即使周围的人都认为他们太过严格。因为他们对自己的期待是完美无缺的，因此他们觉得自我批评是情有可原的，并不会太苛刻。接下来，就由我来帮助你解决这类问题。

击败自我厌弃

如果你不确定是否对自己太过严苛，试着问问自己：你平时对待自己的方式，是不是像上司对待下属一样，你是不是对此有些生气和沮丧，并且感到强烈的不公和苛刻？如果答案是肯定的，那么是时候对自己仁慈一点了！

解决方法：

如果读到这里，你对自己的感觉更糟了，那么有以下几种可能：（1）你又陷入了自我批评；（2）对自己有着不切实际的高预期；（3）将潜在的问题解决方案想得太过复杂；（4）以上三种的结合。以上情形发生的时候，你就要注意了，要提醒自己这些反应都是陷入了自我厌弃。挫败与羞愧将禁锢住你，阻止你走出固有的思维模式。

小测试：

找出那些在生活中自我厌弃对你产生影响最大的领域。比如饮食、组织或者社交方式。试着问自己：在这些方面，我有哪些地方已经做得够好？比如，在严格控制非健康饮食方面，你可以列一个表格：自己带午餐到办公室，每天早餐都吃燕麦，晚饭后不再加餐，不经常吃外卖，等等。

当你发现自己行为的可取之处时，你会发现自己并不是从零开始的，你有了一些技巧和良好习惯作为基础。如果你产生了"从零开始"的感觉，就会产生一种无谓的沮丧感，阻挠你做出改变。

相信自己有能力改掉自我厌弃的坏习惯

如果你在接下来的章节阅读中，发现有很多东西需要做，那么你的感觉是对的。这本书中不仅有很多简单、易操作的提示，还有很多精妙而有深度的地方，可以帮助你理解自我厌弃背后的复杂心理学知识。人的天性是很复杂的，你或许需要花点时间反复研读一些章节，才能清晰地认识某个概念，或是将一些看上去相互矛盾的观点进行整合。对于不确定的事物，以及事物的灰色地带的容忍度太低，其实也是一种阻碍人们正常生活的自我厌弃表现。积极处理你在阅读过程中的不确定感，而不是放弃改变，是你从自我厌弃的枷锁中解放出来的关键一步。

乐观一点来说，你在自我厌弃的模式中找到越多的解决办法并且履行它们，你就能获益越多。每个人的第一步，都是从寻求少数问题的解决办法或是部分解决办法开始的。即使你已经

开始这一步，也可以对书中的策略进行深度思考，你将获得如下
改变：

- 通过实践，你能够更好地发现自己的自我厌弃习惯。并不
  光是对结果进行改善，还能够学会如何从源头避免这类自我
  厌弃模式。
- 你对自我厌弃模式的反应不再那么消极，而是学会问自己
  "我有什么策略可以在这里使用？"。
- 你会更有自信，相信你自己能够想出创造性的解决方案。
- 你对策略的使用越多，你就越有能力选择出真正有益的方
  案，并且履行。你还会寻找一些方法，让策略更加简便易行。
- 很多解决问题的办法并不是无法迁移的，它可以运用于不
  同的场合。比如说，换位思考（就是设身处地地思考对方
  的处境，理解他们的想法和感受）是在家中理解伴侣、在
  工作中理解客户的一剂良方。你只要在生活中的某个方面
  践行这个技能，它就会自动在另一个领域得到提升（技能
  自动地从生活的一方面转移到另一方面，要比改变观念容
  易很多）。
- 你的角色会产生转变：一开始你认为自己在处理自我厌弃
  方面毫无办法或者资质平平，随后你就会发现自己逐渐在
  这个领域成为专家。

准备一场自我测试

在这本书中，我会列举一些小小的测试，类似于之前呈现的那样。有的是让你把想法记录下来的思维测试，而有的则需要行动起来。你并不一定每一个测试都亲自参与，只要关注那些跟你现在优先解决的问题最相关的部分即可。将本书看成参考指南是个不错的主意。你不必精通每一个知识点，只需要掌握"当下"最重要的即可。在你遇到特定问题的时候，随时可以回看这本书，来寻找解决办法。

在阅读过程中，你需要找一个地方来记录思维测试的答案，以及将你觉得重要的点记下来。你可以找任何一种喜欢的方式，不论是笔记本、电脑文档、手机里的记事应用软件，或是写成邮件发给你自己（小贴士：可以选用一个固定的主题，以便后续查找邮件）。

为什么鼓励这样记笔记呢？将思维小测试的答案记下来，比仅仅凭空思考能产生更多顿悟瞬间。这就是我强烈推荐你把想法记录下来的原因，这的确可以让收益达到最大化。如果你不习惯做笔记，也可以采取替代方案，比如借由一些思维小测试，将想法与朋友交流。如果你偏爱图像，也可以通过图画、小表格或是流程图，将你的想法呈现出来。你还可以将各种方法组合起来，组合的方案全凭你的感觉、时间宽裕度，以及特定小测试所关注的重点。

有时候测试给人的感觉是"令人难堪"的。可是朋友们，这并不是考试，如果你在小测试的作答过程中感到焦虑或难以作答，一定要稍微动动脑筋，告诉自己手头的问题正是帮助你消除心理症结的。如果你愿意，你也可以先往下读，直到你觉得自己可以应付小测试为止。你可以用一些便利贴（或者类似的东西），来标记自己认为非常有用的地方，以及想要稍后尝试的小测试。

一般来说，你对思维小测试的回答应该基于自己的第一反应，不需要过多的猜想。如果有很多方法可以做到，只要选用一种即可，你并不需要找到"最好的"答案。如果我在建议中给出三个例子，而你只想选一个记下来，这样一来你可以更容易驾驭这个测试，这样做也完全没有问题。一切由你自己做主！毕竟，你可能有许多优先待办的事情。

将书中理念运用于生活的重要性

19 世纪 90 年代，心理学才成为一门科学——起码是人们普遍认为的科学。心理学的分支众多，比如恋爱心理学，这些分支就更加年轻。例如，对爱情的研究从 20 世纪 80 年代才进入公众视野；而对其他积极情感的研究，比如幸福以及生命的意义，则到 20 世纪 90 年代才真正兴起。在心理学领域，我们对于人类的天性进行了数以千计的广泛研究，但是相关的科学著作却仍有巨大空白。

另外，这些研究最擅长的是阐释"平均水平"上的被试（特别是大学生）。这种研究方式导致我们很难知道什么研究结论可以应用于哪些领域，针对哪一种群体，何时会出现例外。这些研究得出的结论和改进意见随着新研究的产生，很容易遭到修改（甚至被完全颠覆），这类问题在很多领域都会产生，包括医学和生理健康科学。因此，你应该将从这里读到的测试，作为自我实验的开端——将你学到的知识与生活中的一些原则进行检验，并将两者有机结合。

自我测试的贴心指南

如果你希望自己的行为发生改变，并且能够以一种严谨的方式来证明这种改变的确已经发生，你可以采用我们熟悉的 ABAB 实验[1]。我们来关注这样一个例子，假设你想知道"晚饭后散步，是否有助于增加幸福感"这个问题的答案，你可以这样做：首先你需要在不做任何干预的情况下，记录自己平时晚饭后的心情作为基准，这个基准就是 ABAB 中的第一个"A"。为了保证这个基准是可靠的，接下来一周的每一天，你都需要为你晚饭后的心情做一个

---

1. 也称为轮回设计，是心理学中一种单被试实验设计。

1~7 级的等级划分（1= 非常不开心，7= 非常开心）。最后你能得到一个平均数。

　　第二周，你要引入自己想做的"干预"。比如说，进行 30 分钟的饭后散步。这就是 ABAB 中的第一个"B"。你还是需要每天记录你的结果变量（也就是每晚散步后的心情）。经过一周的晚饭后散步，第三周，你需要在不散步的情况下，回过去测量你的"A"，同时继续记录。到第四周，你又要再次引入干预（散步），同时记录最后一周的情绪等级，完成最后一个"B"步骤。如果你发现相比于两个"A"周，在两个"B"周中自己明显睡觉更早，心情更好，那就说明你很可能发现了一种真实存在的效应。当然，你也不能排除这种关联很可能只是安慰剂效应。不过，最起码 ABAB 实验让你明白，你所观察到的不同结果，排除了其他无关变量的影响——比如你在不同的星期中工作的强度不一样，等等。当然，你并不一定要采用这种研究范式，不过如果你恰好是个测量爱好者，那这是个不错的选择。

准备好开始了吗

　　如果你想确定自己是否掌握了本章的内容，是否可以继续向后阅读，可以回答下面的自测题。如果你对全部三个问题的回答都是肯定的，那就大胆地继续吧！

- 你是否对自己使用此书制定了清晰的目标？你是否确定自己有时间和精力来实现所定的目标？
- 你是否准备了纸笔或者电子备忘录，以便在阅读过程中通过它们来记录自己的想法？你是否准备了记号笔或者便利贴，以标记一些需要回看的重要部分？
- 你能鉴别出本章最需要记忆的要点吗？如果还没有，请先尝试列出 1~3 条要点。

第二章

重新审视那些让你讨厌的特质

在第一章的开头，我就给出了一系列看上去截然相反的自我厌弃范例，但我之前也说到了，它们其实是一枚硬币的两面而已。

小测试：

请翻回到第一章开头的表格部分，找到符合自己的模式并标记下来。

细化方案：

因为人性复杂，你或许很难让某一条内容涵盖你所有的行为。因此，另一种方案就是在每一条上面标注两个记号。在你最容易产生的行为特质上标注"经常"，而频率较低的行为上，则标注"偶尔"。

为什么自我厌弃会呈现两极分化

在这里，我会选择 7 对自我厌弃的模式，来详细阐释它们的自我厌弃特质。你可以往后翻到我举出的成对案例，挑一个你最感兴趣的先看。由于我的描述比较概括，因此可能有一些表述对你并不适用；也可能在我的表述里，没有囊括你所有的问题。

考虑到你的问题可能在一对范式之中，更加偏向其中某一端，可能你就会问自己"我真的有必要了解一对范式的两端吗？"。事实上，驱使人们产生极端行为的原因，就是因为害怕，即使他们本没那么偏激，最后也容易走向另一个极端。比如说，你之所以会过度劳作，就是因为你觉得自己要是不这样做，你就会变成一个消极怠工的人。或者说，你对他人非常多疑，是因为你害怕自己要是不时刻保持警惕，就会容易上当受骗，甚至有些愚蠢。清楚地了解那些与你的倾向处于对立面的行为，可以帮助你直面这些担忧。

我们总是试着不去想那些自己害怕的事情。结果，你可能下意识地坚持与这些害怕的事情背道而驰的思维模式，反而走向另一个极端。当然，悲观主义者不会一秒钟变得极度乐观，工作狂也不可能稍有松懈就变成一个懒鬼。实际上，当一个人在短时间内突然走向另一个极端，这种颠覆往往也是因为极端行为本身导致的。比如，一个过度工作的人，经过高强度的劳作，一旦闲下来，反而做什么都不自在了。

需要了解一对范例两端的另一原因，就是如此有利于更好地理解他人。当你读到跟自己不太相关的某个模式时，也可以问问自己，理解了这种模式是否有助于了解身边人的行为。比如说你的亲人、共事者或者上司。

接下来，我们就从"毫无章法与信守教条"这对范例开始研究吧。

毫无逻辑导致以下问题：

需要花很多精力来频繁做出决定。如果稍有些逻辑，你就可以节约很多精力，不去想何时何地，以及怎么去做事。少了逻辑，你会发现自己在日常事务上的效率大大降低。特别是如果没有按照规则来制订计划，杂事一多，你就不容易抓到事情的重点，并且做事丢三落四。

信守教条导致以下问题：

生活会变得很单调，每一天的轨迹都在重复。你所做的事情仿佛失去了乐趣，正如每天都喝高档的咖啡，自然不如偶尔喝一次惊艳。若是一直遵循着同样的轨迹，你很难有偶然发生的奇特体验，而这些体验往往能够增强你的愉悦感和创造力。比如说偶然结识一个新朋友，或者在自然中发现一个新的线索，从而让你产生了新的想法。如果你总让自己在有限的范围内活动，你看待自己的人格、才能与潜力的眼光就会变得狭隘。对于有些事情来说，随心所欲比制订计划要来得愉悦和高效。

轻言放弃导致以下问题：

失败体验会增加，随之而来的是更多消极情绪。你原本可以做到的事也实现不了，比如争取更高的薪水和掌握更大权力的职位，成就感会大打折扣。你很难确定自己的思路是否正确，因为你根本没有做出充分的尝试。你没竭尽全力去解决问题，因此很难对自己的能力产生信心。你可能会给自己误贴上"笨蛋"和"失败者"的标签。若缺乏坚定的决心，长此以往就越来越难以坚持完成挑战。这跟长期缺乏锻炼，就会变得越来越羸弱，最终更难完成运动是一个道理。一旦你轻言放弃，别人就会觉得你是个轻浮而缺乏自律的人。因此当你发现别人对你不够信赖，或许是因为自己先摧毁了自信。

过于执着导致以下问题：

太过执着的人，在解决问题的时候会坚持使用同一种策略，即使这种策略是无效的，或者说起码在当前的情况下是无效的。你始终信奉"开弓没有回头箭"，一旦你将过度的坚持当成一种"优秀的品质"（比如你会告诉自己坚持就是胜利），那你就会陷入强迫性的坚持之中。你会发现自己犯了"沉淀成本"错误——没有准确估计坚持完成一件事需要多少资源（包括时间、精力以及金钱），即使你还可能完全沉溺于此。比如你已经等一通电话 10 分钟了，后面还有其他事要做，但你仍然坚持等着。如果你对自己的要求就是"永不言弃"，那你就很难对何时脱身进行取舍了。其他人会认为你太过教条、不懂变通，而且你容易将自己对事物的坚持标准强加给他人，可能会不近情理地要求别人和你一样坚持一件事。这不仅会为你的亲密关系带来问题，也可能让你成为一个低效且不讨人喜欢的领导。

盲目乐观会导致以下问题：

你可能会缺乏自我保护意识，因为你不相信厄运会降临在自己的身上，因此缺少必要的警觉。或许你太容易相信别人。过度的乐观往往会带来压力，比如说遭遇意外的经济开支，从而难以支付账单。在你完全没有第二方案的时候，突如其来的挫折会让你措手不及。乐观的人可能会因为太多的活动而消耗自己。过度的乐观还可能会为他人带来烦恼。比如在你的计划中，自己可以准时到场赴约，并假定路上全程顺利（没有任何的延期和小插曲），事实上却因为没有预留时间而常常迟到。而风险常常因为过于乐观而降临，这会让你所爱的人充满焦虑，同时对自己也百害无利。

一味悲观会导致以下问题：

由于你预设自己不会成功，因此成事的概率就大大降低了。由于你的悲观厌世，往往会对他人的提议反应消极，而他们可能会因此感到愤怒和沮丧。你将自己与潜在的快乐隔绝开来，比如说，你认为自己不会喜欢某个会议，就选择不去参加。你对自己的认知是，充满了见地却没有一个能成功，但是其不能成功的原因并不是主意不好，而是你没有真正地尝试。久而久之，这些消极的思想愈来愈强，而你认为自己的主意不能成功的观念也愈加根深蒂固。因为你能预见很多很多的问题，自己预先就备受打击，导致分不清问题的主次。你纠结于那些可能永远不会发生的问题，也不愿意寻求帮助，因为你觉得别人不愿意帮助你，即使他们有这个心，所提供的帮助也没什么用。

冲动莽撞会导致以下问题：

行事莽撞的人，往往要尝到糟糕决定所带来的后果。假定你认为自己不擅长做决定，就会变得更加冲动行事，因为你对自己的条理性没有信心，就想匆匆做个决定，然后草草了事。而那些因为你不过脑子的决定而遭遇麻烦的人，就不再容易支持和相信你了。

过于多虑会导致以下问题：

一个习惯性过度思考的人，做决定的时候会产生很大的压力甚至感到无力。过度思考往往会导致思维混乱，消耗过多的时间和精力。而迟迟不行动，也让你错失了很多在实际经验中学习的机会。比如，你未加准备地做出了一个没那么完美的决定，或许要比花了很多时间和精力做出的一个稍好的决定有用得多。一般来说，未经太多准备做出的决定，即使失败了，所感受到的遗憾将会比预期要容易接受一些。你在做决定的时候越是努力规避错误，当错误依旧发生的时候，你就越难以接受。

而你很可能因为自己的拖沓，在一些有时间限制的任务中一败涂地，比如在你纠结于要不要买一样东西的过程中，它可能已经卖完了。你还可能因此挫伤和激怒他人。

过度关注当下的欲望会导致以下问题：

这种模式会导致的结果是显而易见的。如果在长期目标之下，你只着眼于眼前，相比那些放长线钓大鱼的人，你的收获就会少一些。你常常会在自己真正需要什么的问题上产生偏差，最后成为"目标与兴趣偏差"的牺牲品（对于这种偏见的阐释，详见第十三章）。

过度推迟满足会导致以下问题：

如果你过度地关注最后才到来的那份满足，就会失去实际上触手可得的快乐。比如说你不愿意进行短途旅行，而一门心思想要存钱，来一次为期一年的国际旅行，最后可能会发现这场国际旅行也没有预期那么惊艳。可能你会发现自己在面对享乐的时候，很难打破对于延期快乐的固有观念。你可能没办法在适当的时候消费。比如说，为了以后修一幢梦想中的房子而存钱，你现在就不愿掏一分钱来改造自己的居室。因此你就从来没有对房子进行规划、装饰，以及跟装修队打交道的经验。其他人也会因为你过度关注未来而被触怒，比如夫妻中的一方想要在当下消费，而另一方不愿意，矛盾就会产生。在生活中若专注于做太长远的打算，可能导致顾及不到其他方面。比如长期过度工作的人，就很难兼顾到自己的健康。

过度推卸责任、咎责他人会导致的问题：

当你因为自己的过失而怪罪他人，最后的恶果往往还是要自己承担。比如你因为家里的饮食不健康而怪罪伴侣，可能最后超重的还是自己。同样地，你怪罪对方没有在恋爱中给你足够的亲密与快乐，最后不痛快的也是你自己。怪罪他人只不过是给自己一个理由，逃避行动而已。责怪他人和推卸责任是息息相关的。比如，你告诉自己由于伴侣要求太高，对你吹毛求疵，才让你在家里当甩手掌柜，而逃避责任会在亲密关系中催生敌对和怨恨。若你做错了事情不愿意道歉，如此一来对方就更不容易原谅你。这种行为模式，让你无论在工作还是家庭中都遭人厌烦。

过度包揽责任会导致的问题：

过度包揽责任会导致焦虑，严重的甚至会导致焦虑症。对任何事情都太有责任感，会令自己不知所措，并且难以分清事情的主次。过度地关注鸡毛蒜皮的事情，会让你有借口去逃避一些重要的决定。矛盾的是，你所规避的事情又恰好关乎重大的责任（比如领导职位），因为责任感为你带来了过重的负担。太有责任感地帮别人做决定，会导致自己不胜其扰。不仅如此，你包办了一切，不断提供帮助和提醒，会导致对方变得懒散。比如说家人一有需要，你就上前提供支持，他们永远什么都不会自己做。若是你最终对这种无休止的帮助和提醒感到了厌烦，他们也会因为自己没有任何本事，而理所应当地把事情推给你。

理想太冒进会导致的问题：

你的理想太过宏大，其他人就会被你大规模的计划和因此产生的风险给吓坏。比如你想劝你的伴侣投资房产用来出租，而具有远大计划的你，一开始就想买 10 套房产，建一个商业帝国。

在这种设想之下，你的伴侣显然很难认同你的计划，其效果不如先提一个小一些的要求。少了他人的支持和认同，你是很难实现自己的计划的。人们（包括你自己）都会觉得你是个想法很多但是难以实干的人。若你的想法足够宏大，有时候就会陷入对成功的无限遐想，而矛盾的是，在当下一步一步实现的过程中，你就会丧失动力。相比你对巨大成功的幻想，脚踏实地的工作就显得很无趣了，因此你很容易丧失动机。若是你还没学会走就想奔跑，其实会削弱未来的潜在机会，比如你很可能因为财务破产而信用破产。

目标太保守会导致的问题：

如果你保守性地设置小目标（例如，即使你有能力完成更大的目标，也会设置一个小目标来避免自己产生焦虑），那你可能连小目标都完不成，因为很可能你采用的策略，对那些目光宏大的人并不奏效。比如你因为担忧而不想雇佣下属，那你在职场的人物设定就是个"光杆司令"，由于事事都亲力亲为，事业就很难向前发展。过于保守的思考，也是会产生机会成本的。比如你还在纠结于蝇头小利的时候，或许已经错失了更大的机会。总之，整天忙于小事，会让你在更高的层面错失良机。久而久之，你会觉得是因为自己的能力仅仅局限于这个水平，而不再会跳脱焦虑与惯性去思考问题。

小测试：

现在就轮到你表现了。你可以像我在例子中所做的那样，通过细细解读其中一种自我厌弃模式，你就会知道不那么极端的决定，对你来说是多么有好处，同时也可以将现行自我厌弃模式的伤害降到最低。如果你在解析的例子中已经找到了自己非常感兴趣的模式，你可以做一个简单的流程图，来具象地阐释这种方式是如何对你产生作用的。你可以将与自己最相关的基本问题填进流程图里面。不用完全照搬我的内容模板，如果我没有分析到你最关注的点，就自己加进去，我的例子只是作为指南而已。

小贴士：

为了保证分析的广度，你可以对生活的不同领域进行思考。

比如，想想这种模式是如何影响你的工作、家庭生活以及友谊的。理解你的思维与行为模式对于个人和人际分别有什么影响，也是非常重要的。

接下来呢？找一个折中的办法

小测试：

无论在上面的小测试中你选择了哪一种模式，你都要找出当下生活中的一个典型场景，阐释这种模式带给你的影响。首先，要将你的这种模式清楚地表达出来。比如说，你是一位讨厌循规蹈矩的人。这导致你几乎每天都要跑一趟超市，因为你最多只会预先计划一天的食物采购清单，家里基本上没有多余的食物存货。你太看重灵活性，不想买任何时候可能不会喜欢的食物。但是你会发现，这种习惯其实很浪费时间和金钱，也不太利于你的健康。你吃的饭菜只能是事先准备好的，要是突发奇想下厨做点什么，冰箱里也根本没有食材。况且，每天晚上先去商场购物再回家做饭，实在是太消耗精力了。

接下来，就要问自己两个额外的问题。

（1）在这种情况下，思维和行为模式跟我站对立面的人，会怎么做呢？

（2）在这种情况下，思维和行为模式介于两个极端之间的人，又会怎么做呢？

当你先行想到对立面的人会怎么做，就可以简单快捷地找到折中的方法了。在食物采购这个例子中，过于循规蹈矩的人，会提前将所有的食材计划好，每个月都采购同样的东西，接着每周都重复着固定的菜谱。

那么，处于中间立场的人，他们又会怎么想、怎么做呢？比如说某位"中立先生"周一和周二工作到很晚才回家，他要么会快速做一个煎蛋卷作为晚餐，要么就用微波炉加热一下之前剩下的饭菜，凑合着吃一顿。周三他一般回家比较早，会多做一些菜，为第二天的晚饭做足预留。而周五他会按照惯例，点自己最喜欢的外卖。周末他则会采购下一周的食物，而周末的用餐计划也比较灵活。这种比较平衡的方式，对他来说很奏效。他既不用因为规则而过于紧张，但又能保证一种有条理的生活方式。

在你习惯性地产生极端的自我厌弃行为时，可以用这种方式来找到特定情况下的折中路径。一旦开始尝试这种方法，你会觉得这并不难。通过练习，你可以将这种框架逐渐运用到现实生活中去。

请注意：

　　折中的路径就一定是最好的选择吗？也不尽然。比如在一般情况下，理想远大、持之以恒和辛勤工作都更容易成就大事。但是在特定的情况下，你需要灵活地选择路径，并不一定是要遵循某种折中的方式。最重要的一点是，要基于你所处的情形，充分考虑这种场合下自我与人际关系给出的线索以及问题持续的时间、行为将会导致的结果，进而选择最适合的思维与行为方式。在某些情况下，你或许需要通过与你原本习惯相反的另一种极端方式来行事，前提是你已经可以预见到这样做的优势所在。在接下来的部分，我会列举一些极端思维和行为的潜在益处。

了解天性的力量

一个人具有越极端的特质，因此带来的后果也就会越两极分化。清楚地了解你的潜质将会带来的优势和劣势，会让你更加灵活有效地使用自己的特质，避免许多麻烦。

事实上人类所有的行为都是有积极的一面的。只是从进化的观点来看，有的行为并不那么有意义。不同的思维和行为风格，适用于不同的环境和场合，而"各种各样的想法"都能对一个群体的行为做出不同程度的贡献（无论是对家庭、工作团队还是朋友）。甚至类似自恋这样的特质，也是有其可取之处的，比如自恋的人往往会打破规则，产生一些创造性的解决办法，而循规蹈矩的人反而无法做到。

当你找到自己风格所产生的力量，在某些处境下即使结果并不是最理想的，你产生的防御感也不会那么强烈。而防御感和羞愧感的减弱，又确实有助于你在特定的情形下做出最明智的选择。

接下来，我们就来看一些极端倾向产生帮助的案例。

- 相对于冒进的想法，保守的想法可以让你更安全。可能即使你的构想比对手宏大，也不能增加你的竞争力。但不可否认的是，宏大的构想有时候的确可以规避一些风险。例如，起码在不同的市场进行 10 种不同类型的投资，比把鸡蛋都放在同一个篮子里，更有助于将风险分解开来。

- 假如你是个过度关注细节、比较挑剔的人，这种特质的优势是显而易见的。特别是在你的事业上会产生很多帮助，比如它将让你成为一名优秀的婚礼策划。如果你习惯于消极与批判，那你很可能在别人的思路有问题的情况下，避免事情盲目地偏离轨道。

- 在我的第一本书《焦虑工具手册》（*Anxiety Toolkit*）中，我就曾提到过防御性悲观[2]的思维方式所具有的正向功能。这种风格的特点是：对结果的期待很高，但是前期的准备

---

2. 自己期望的事情，总是会首先考虑到不好的方面。

和预期都会考虑到产生的问题。在事情开始之前就多加留心注意是非常好的，可以有效避免遭遇问题之后事情陷入停滞。事实上，在很多情况下，积极的期望和适度的焦虑组合起来，都是最佳的思维模式。充满希望而又带有一点点焦虑的人，处于"乐观主义（凡是都往好处想）和悲观主义（凡事都往坏处想）"的中立地带。他们能够将期待（包括对不确定性的容忍度、较强的执行意愿以及谦逊）和谨慎的优势进行融合。

- 在规则制度本身就存在问题的情况下，相比于循规蹈矩的人，乐于打破规定的人更容易取得工作上的成就。

- 在两个不同的决定之间摇摆不定时，冲动能够将你从过度思考中解救出来。毕竟想得太多，会导致你和最好的决定渐行渐远。

- 在追求你渴望的目标时，过于坚持可能会令其他人产生反感。但如果你本来就不太看重这段关系，这样反而会大大减少社交成本。

带来曙光的策略

另一方面，由于人格特质塑造我们做事的技巧，因此比较极端的倾向在此方面也有好处。比如你的某些特质导致一些弱点，或许你会发展出一些优势来进行补偿。研究表明，能从自己"消极"属性里看到一线希望，你就会更加努力地提升自己，有时候会产生意想不到的积极结果。举个例子，我是一个敏感而内向的人，在面对同住一座城市的朋友时，我会感觉到很强的社交负担。而由此产生的结果就是，我会努力结交一些跨地域的朋友，这样我就只能在一年一度或是频率较低的出行中，才能见到他们一面。这样一来，我就很擅长与不常见面的人保持联系，同时也能够与他们建立深厚的友谊。

而这种模式做成流程图就是下面这样：

我的弱点：很容易因为社交负担而过度焦虑。

↓

我的偏好：喜欢结交不同国家或城市的朋友。

↓

我的强项：能够与不常见面的朋友保持良好的关系。

这里还有一个相关的例子。有一个朋友近来向我倾诉，她毫无理由地在工作中对自己的能力感到自卑，而她却因此变得非常擅长在与工作相关的培训会议上提问。虽然她有点社交焦虑，但是对于工作问题得不到解答的焦虑，已经强过了对于举手发言的焦虑。她常常会得到其他人的赞扬，夸奖她的问题提得很好，别人也有同样的问题，却总是犹犹豫豫不敢举手。

而她的流程图是这样的：

她的弱点：对自己的工作能力很不自信。

↓

她的偏好：明晰并检验自己对于概念的理解。

↓

她的强项：在培训会议上提问。

如果说你有点儿缺陷的风格倾向变得越来越极端，并且已经对你产生了影响，那么找到天性中自己的强项，能够帮助你不把自己看得那么"疯狂"或者"怪异"，你也不会因为缺乏自信而深陷泥沼。有时候沉浸于自己的本能倾向，其收益成本比是可以接受的，而有时候则不然。当收益成本不成比例的时候，你就应该采用"折中路径"的方式了。

小测试：

试着基于自己的情况完成流程图。

你是否下意识忽略了某些自我厌弃模式

总体来说，当某些技能和特质可以作为强项的时候，人们就可能产生自我厌弃模式的盲点。比如说，你自认为自我控制力很不错，但是当你心情不好、忍不住责怪伴侣的时候，就常常控制不住自己。再比如，你通常在管理金钱、健康饮食方面很在行，但仍在一些不太重要的领域处于弱势。

那么是什么让你利用这一类的模式达到让自己满意，甚至享受的状态呢？很显然，因为这些自我厌弃的习惯都出现在你非常自信并且有竞争力的领域。

小测试：

为了找出符合上述描述的问题，你需要按照下面的顺序问自己几个问题：

- 在你的自我认同中，有哪些是最核心的竞争力？你觉得你的强项是人群中普遍存在的，还是唯你独有的？你的优势有可能颇具普遍性，比如说自我控制；也可能非常独特，比如在委派任务、外部采购或者事务排序方面表现出色。
- 在这些强项当中，你有没有在什么领域稍显逊色呢？
- 你认为什么因素形成了这些强项？是先天的人格特质、后天养成的良好习惯，还是某种策略？
- 你准备如何利用自己的特质或策略来克服这些小弱点？现在开始头脑风暴，找出一种特别的方式吧。

这里有一个（假设的）具体案例，你可以参照案例中的步骤。

问题	答案示例
我的主要强项：	自我控制
该强项中的相对弱势部分：	在伴侣做些我不能理解的事情时，我会对他吹毛求疵。
铸就我这种强项的人格特质、认知能力、良好习惯或者策略有：	我的认知能力让我表现得比较稳重、谨慎并且有大局观；而情绪调节技巧帮助我在情绪过激的时候镇定下来。
我如何运用这些特质、能力或者习惯和策略来克服自己的弱点呢？	我可以更多地关注吹毛求疵所带来的长远消极影响，从而在"挑起争端"的时候变得更加审慎。

继续前进

在进入下一章之前，先试着回答下面的问题。

- 关于你在"极端与中立路径"小测试中所选择分析的模式，想想生活中有没有即将发生的事情，能够给你一个尝试中立路径的机会？

- 如果你之后回想起来其他的模式，并且对其产生了关注，你接下来的"未来模式清单"是怎样的？请继续列出三种新的模式。

- 写下本章中最令你产生共鸣的三个点，按照 1~3 的重要顺序排列。

第三章

如何摆脱否定自我的思维习惯

为什么人们总是陷在自我厌弃的怪圈里

接下来，是我对于自我厌弃模式持续存在的四个原因的具体阐释。这种列法并不是完全没有疏漏的，因为我们整本书都在讨论这个话题，不过归根结底，这是一个好的开始。

1. 你对自己的模式没有清楚的认识

下面的案例，就展示了由理解问题而产生的自我厌弃。我自己有一个典型的自我厌弃行为，那就是任务转换。我总是一件事情做到一半，就跳到下一件，没有一个合理的次序，无法一件接一件地完成工作。在我真正意识到自己不能持之以恒以及按时完成任务背后的深层原因之前，这个问题就已经长久地存在了。其原因就是，我没有进行充分的休息。在我感觉疲惫或是注意力没法集中的时候，就会转换任务。后来我发现，我并不常常在任务刚开始的一个小时内就轻言停止，只有在我注意力集中过久、感到精疲力竭、大脑过度运转得不到休息的情况下，才会转而做其他事。一旦我持续关注于任务转换这件事本身，我可能解决问题的方向就有问题了。我所想出来的所有解决方法，都会和精确控制时间有关，我也会认为自己在这方面缺乏毅力（而这样做导致的失败，只会持续加重我的自我厌弃模式）。而我在任务转换方面，真正的当务之急是一个需要休息的讯号，以及接到讯号之后立刻休息一下。虽然这看上去再简单不过了，但事实上，这样做让我找到了自身问题的真正动因，对我来说是一种顿悟。

2. 你不具有"问题取向"

本质上来说，不具有问题取向的人，在面对问题的时候很难尊重一种重要的路径：认识到问题→产生备选的解决方案→选择其中一种→开展解决问题。缺少问题取向的人，往往会过度担忧。如果你常常严重拖延事情，并非因为事情解决不了，而是因为你并没有按照最简单的方式来选择最优的解决方案，这时候你就应该知道自己可能缺少问题取向了。而这个问题的普遍成因包括以下几点：

- 你会习惯性地回避问题。

- 你被过度焦虑压得喘不过气，因此你往往辨别不了问题的可行性。你很难区别眼前的问题到底是亟待解决，还是根本就不受你控制（比如别人的思维和行为），还有一种可能是你已经在使用正确的解决路径了（比如为了保证良好的健康状态，你坚持健康饮食、锻炼身体、每年注射流感疫苗、定期预约全套的常规疾病筛查）。如果你心里分不

清什么问题需要解决，什么不需要，就没办法找到最佳的
解决路径，最终，你就会无限纠结于事情超出自己的掌控，
以及自己什么时候才能把力所能及的、应该做的事情做完。

- 你不相信自己的问题解决能力，由于不断地自我批评而耗
  尽了自信。

- 你是一个追求完美的思考者，因此常常对问题进行过度思
  考，也会把解决的办法想得过于复杂，进而自己就会因问
  题的解决而感到更加焦虑，毕竟问题对你来说，看上去更
  复杂、更伤脑筋了。

要注意的是，在这本书里对"问题"的界定比较广义，你
的问题可以是"打算搬到夏威夷，却不知道一开始怎么着手"。
而在这里"问题解决"则是一个术语，不仅关乎如何面对挫折，
还关乎对愿望的追求。

3. 你的自我厌弃行为具有"部分强化效应"

"部分强化效应"就是说，某种行为可能会产生后果，也
可能不会。下面三个经典例子可以解释这个概念。

- 赌博。

- 你不断地抱怨自己的伴侣，对方就有可能照着你的意思
  去做。

- 你对事情过分担心。即使大多数时候这种担心都是多余的，但它还是会帮你避免一些不好的后果。

当一个行为产生部分强化效应以后，即使收效微乎其微，你仍然会对这种行为着了魔似的重复。即使这种行为可能会对你的生活和亲密关系造成很恶劣的影响，但是部分强化效应还是会驱使你继续下去。而这种部分强化效应产生的原因在于，我们的行为产生了好的效果，从此以后，一旦我们重复行为的时候并没有产生想要的结果，我们就可能会变本加厉。比如说，如果一开始我们对伴侣的抱怨没有奏效，那我们可能会更经常、更大声地唠叨。由此一来，部分强化之后的行为不仅会得到持续，而且会愈演愈烈。

4.原地踏步要比改变现状舒服

假设你读这本书是为了找到一个完美的方案，在读的过程中，你会因为自己的自我厌弃而批评自己。然而，跟那些想要一下子消除所有的自我厌弃行为的人一样，你懒于将所有的自我厌弃行为进行排序，才是问题的症结所在。你并不愿意行动起来试试这些策略是否奏效，而是仍旧沉浸于过去的错误里，然后接着犯同样的错误。

旧病复发固然是很痛苦的，但这其实是一种隐藏的收益。回避和反思已经成为你的舒适区，而付诸行动却不那么舒服。

你严厉地自我批评，导致自己不相信自己有能力做出尝试，你为自己找到了不去努力的理由。虽然自我批评、反思和逃避的感觉都很"糟糕"，但人们还是觉得这比做出尝试、走出舒适区要舒服。这些糟糕的感觉跟你亦敌亦友，已知的恶魔并没有尝试新的事物可怕，因为你对已知的东西已经不会有太大的情绪波动了。你愿意对于可能出问题的熟悉事物作壁上观，也不愿意冒险尝试未知的事物。

即使你并不容易陷入反思和担忧，选择跳脱舒适区也需要消耗心理和情感上的能量。如果生活本就让你心力交瘁，在重要的抉择上你就更不会愿意选择那种虽然有益，但心理上没那么舒适的方案了。我们来看另一个例子，比如有些人知道，自己的自我厌弃模式是不善于下达指令，他们知道这是个问题，但是并没有做出改变。因为他们的问题在于，只做自己熟悉的事，而不愿学习那些自己该做的事。那么他们为什么不改变观念呢？

当一个人不断重复一种行为，我们就基本可以确定，虽然手头的事情很难，但是做出改变更难。比如说，对于那些不愿下达指令的人，将所有的任务都自己扛下来固然很难，但是相比于向他人解释任务，担心其他人完成的任务是否符合自己的标准，忍受那种自己可以被替代的感觉——他们宁可将事情都自己做了。起码在一开始，指派他人做事要比自己全部做完所需要的心理挑战更加艰巨。而当我们已经筋疲力尽时，就会更愿意寻找那些挑战最小的事情。

击败自我厌弃

若是你发现自己在不断重复一些看上去没用的行为模式，不要批评自己，而应该问自己"我现在做的事情，是否允许我决定行动起来，去寻找更强的心理挑战呢？"。

小测试：

现在你已经知道导致人们陷入自我贬低的四种机制了，试着将它们按照与你自身情况的相关程度排序，1= 最相关，4= 最不相关。你可以在记录的最后标注上 1=a，2=b，3=c，4=d，以此来与每种机制对应。

在了解这些机制之后，你有没有新的收获呢？如果有，这些收获是什么？你有什么新的感悟？哪些机制是与你有关的？总体来说，你是知道该做什么的人，还是安于做熟悉之事的人呢？

轻松取胜

接下来我们来看另外一种偏见，为什么即使人们知道了如何克服自我厌弃模式，却还不行动呢？生物进化规律赋予了我们一种非常有用的能力，以此来寻求心理上的捷径。而有的时候，这种捷径会导致一些思维误区。一个很典型的例子就是，我们的大脑很容易将一件事的难度与它的价值画上等号。我们在一件事情上越努力，收获就会越大。你的大脑可能正因为克服自我厌弃模式比较简单，就认为它对你而言没什么价值。

完美主义者尤其对于计划外的改变和提升，容易产生抗拒。比如说，要是将冰激凌放在冰柜的后排，这样显然相比于放在一开门就能看到的地方更能减少你去吃的频率。这是个基本不需要做出什么努力和牺牲的小小改变。而完美主义者并不觉得这种解决方式有什么价值。他们必须得100%地严格控制自己什么时候吃多少冰淇淋。虽然少吃20%的冰淇淋，的确是对于问题的递增式改进，但因为没有一下子完全解决问题，完美主义者就会低估这种方式的价值。他们会对这种方法不屑一顾，也不会有这个"闲心"去尝试着行动，因为这并不能在"减少冰激凌消耗"上面达到他们对于成功的标准。同样地，他们也会错失一些提升问题解决技能和自信的机遇。

虽然那些影响深远的问题可能很难完全得到解决，但它们往往会有一些容易攻破的地方，因此一些细微的行为调整是非常有价值的。比如通常来讲，暴食是一个复杂而难以解决的问题。但是正如上面提到的冰淇淋例子，有一些实际上只要投入很少的毅力和注意力，就能够轻松获得富有成效的简单改善措施。不要低估递增式改变的价值。即使是10%的递增模型，最终也会产生巨大的影响力，甚至在某些情况下，它是能够完全解决问题的，最起码能够卓有成效地减少消极影响。

例如：

· 假如你的体重每年都在稳步上升，那么只要减少 10% 的热量摄入，就可以解决这个问题。

· 你只要少花 10% 的钱，就能很好地缓解经济压力，保证财务的良好运转。

· 假如你在工作日多花 180 分钟却仍感到效率低下，那么试着在每件任务上多花 18 分钟，就会发现有很大的改观。

· 增加与伴侣或朋友 10% 的身体接触时间，从而获得更深的情感联系，久而久之你的亲密关系将明显更上一个台阶。

小测试：

在你的生活领域中，曾有过贬低小小改变的价值，或者忽视轻而易举的胜利吗？你觉得哪些轻松取胜的例子适用于你？

克服自我厌弃模式最为重要的一项技能，就是找到一种简单、低成本，且不怎么要求毅力的解决办法。有时候最简单的解决方式就是最智慧的，尽管我们的大脑有时候会贬低这些简单的方法。改变你所处的自然环境，可以较为巧妙地转变你的思维和行为，帮助你轻松取胜。通常来说，在尝试更艰难的改变之前，首先应该改变物理环境。

你的想法改变得足够吗？

有一种非常普遍的自我厌弃模式，就是相信只要观念转变，行为上的转变也是水到渠成的。而事实上，中间还需要一些步骤。

这类步骤通常不会是这样：找到思维的误区→行为产生改变。

事实往往是这样：找到思维的误区→设计改变方案 →行为产生改变。

而我所说的设计改变方案，其实就是环境上的改变（比如冰淇淋的例子）、工作流程的改变以及决策机制和步骤的改变。在这个阶段，这听起来比较晦涩，但当我们继续掌握更多细节以后，这种方式就会变得具象起来。

对于做你该做的事，快速入门指南在这里

如果此刻你正好有一些自我厌弃的习惯，又苦于想不出有效的解决方案，这里有一些帮助你快速入门的方法。这里的第一套问题解决策略，是关于你应该做些什么的。接着我们还会学习一些关于你自我认识的策略，比如如何贯彻你的想法。

接受客观事实，比解决问题更重要

有时候，困扰我们的事情并不需要真正解决掉。我也希望自己能够跳过无数的草稿，直接写出完美无瑕的文章。因此我会得出这样的结论：我需要一个解决方案，让我能够立马写出无懈可击的稿子。然而从根本上来说，工作的本质就是不断试错和改进。我们应该接受这一点，有的问题是不需要100%解决的，正如我需要接受没有任何一篇文章、任何一本书是可以第一稿就完美诞生的。

有些你所思考的亲密关系问题，比如"我要怎么做才能让我的伴侣更加／更不……"同样也需要接受客观的现状，这比找到一个让他顺从你的策略更加现实。比如说，你希望自己的伴侣多投入一些精力在 ＿＿＿＿＿＿＿（此处可以加入任何你的愿望：勤倒垃圾、从托儿所把孩子接回来、关心你的日常、少唠叨你……）。但是，让他们主动地做这些事情，显然是违背他们的初衷的。而你或许可以采取一个简单得多的路径：你先接受一点，就是你自己需要先给伴侣做个表率。如此一来，你就不必一定要纠结于"让伴侣主动按照你的意愿行事"这样一个很难解决的问题了。一旦你意识到并且接受这个事实，你就不会感觉改变伴侣这件事情必做不可，还要苦苦地直撞南墙了。对于你觉得自己"应该做"的事情，事实上或许并不需要那么负责任，如此一来你才会变得更加脚踏实地，从而更加关注伴侣的天性，以及自己应该如何反应。

小测试：

在你生活中有没有这样的情况，接受现实（哪怕现实对你来说事与愿违）反而帮助你解决了之前列出的问题？有没有一些问题是你所关注的，而在别人看来却会说"为什么会出现这样的问题"？

学会鉴别自己的解决方案是否可行

广义上来说，很多问题的解决方法都不是唯一的。比如你感觉压力很大，你有这样几个选择：药物治疗、心理治疗、找一些自助的书籍和节目、加强运动、改变某种生活方式（比如换工作），又或者无所作为。但如果你把问题的解决方式想得太复杂，你很可能在已经想出最佳方案的情况下，却因为想得太多而并没有采纳和履行。你可能对自己解决方案的履行难度有着过高的预期。比如说，选择开始接受心理治疗，并不是让你挑一个全城最厉害、最契合你情况的治疗师来进行面谈咨询，才能治愈你的压力问题。也许你只需要打个电话给朋友，让他介绍一位治疗师给你，要到这位治疗师的电话就万事大吉了。

障碍也许只是你的假想

接着说上面压力的例子，说到你准备试一下心理治疗。你知道这需要花不少钱。即使事实上你支付得起这笔费用，却还是会把它当作一个障碍。你当然不希望有这笔开销，但这是在你能力范围之内的。同样地，你可能要抽出一点工作的时间，来进行你的心理治疗面谈，你甚至都不知道这是不是一个问题，却还是将其假想为一个障碍。你甚至不知道自己想去看的治疗师，会不会将你的治疗时间放在晚上或者周末，也没有就你是否需要占用一点工作时间这件事情，去跟你的上司协商一下。

为了在你假象问题的解决会遇到障碍的时候提醒自己，你需要有个人对你说："如果确实想做，为什么还要犹豫呢？"即使周围没有这样的人来提醒你，你也应该随时告诫自己。

或许之前你曾解决过相似的问题

或许你早已经有了解决类似问题的方法，只不过在你的脑海中，还没有将这些信息举一反三，扩展到手上的问题。如果你正在受困于"负担症候群"（详见第十二章），或者你是个常常把问题想得太复杂的完美主义者，那你是很可能低估自己现有的知识的。你可能会将"我不知道该怎么办……"挂在嘴边，但是事实上你过去曾实现过自己所追求的一切，只不过情形可能和现在稍有关联，但是不尽相同，你没有发现而已。

你应该常常问问自己，现有的认知中有没有与现在的问题有关的部分。你过去有成功解决过类似的问题吗？当时的情况，是不是比你想象中更加和现在的困境相似呢？

你还可以试着问问自己，最近的其他问题，你是通过什么方式解决的。也许你知道，通过技术手段进行的自动化任务，对你的问题来说很奏效；你也可能知道对于你的性格和生活方式来说，通过一些实物来提醒自己会更适合。总之你一定能找到一些工具或者规律，让你来联想到那些与手中问题相关的解决方式。当然，你也可以通过手边的问题联想到从前的解决办法。

或许你能够从别的问题入手，让现在的难题迎刃而解

有时候为了解决你手边的问题，可能需要先解决其他你未曾料到的问题。其实我已经提到过类似的例子：我是如何通过适当休息，而不是直接针对其本身来解决任务转换的问题的。

如果你对自我厌弃模式进行认识的现行方式，尚且还不能解决最终的问题，你可以换一种方式思考问题。

小测试：

试试看将你的问题跟朋友（或者父母、兄弟姐妹）讨论一下。或许这能帮助你用一种全新的视角思考问题。你会许可以用"我正试着为……找个解决办法"作为开头，然后谈谈自己最近的想法："最近我有一个不错的想法……不过好像不太奏效。"其实这种策略主要是刺激你自己的思路。若是你的朋友真的给了你什么建设性的意见，那就是意外惊喜了。试着用这种方式，来解决一个手边的问题。如果现在不方便马上操练，那你就先确定一下，自己的生活中谁最有潜力扮演这个角色。

对于做你熟悉的事，快速入门指南在这里

知道了什么是你"应该"做的事，克服自我厌弃只完成了一半。另一半就是如何让自己去"做熟悉的事"。接下来，我会概括一下人们在执行他们的解决方案时普遍会遇到的障碍，以及相关的应对策略。你在阅读的过程中，应该关注的不是某个个案，而是它们之中的规律。因为在个案的层面，解决问题的方式可能就会是"甲之蜜糖、乙之砒霜"。然而广义的原则，则更具有普世性的价值。

将你不想做的事替换成为毅力成本更低的事

你不想每天那么多时间挂在网上，你觉得自己应该做一些富有创造力的工作。然而，你却没有做任何改变。毕竟在电脑上点来点去不需要毅力，而你的创意项目却需要中等甚至高水平的意志力。

解决方法：

试着为你现在做的事情做一个设定，设定一件你每天或者每周特定时间里最消耗精力、注意力、意志力的事情。一般来说，这种情况下你需要选择一件自己想做的事情来替代，而且这件事要比先前提到的那一件消耗的意志力少一些。你可以将每件事情需要的意志力分等级为 1~10（0= 不需要任何毅力，10= 最大毅力）如果本来你想做的事情，需要的意志力是 2 级，那就

不要挑一件需要 4 级意志力的事情来替代。我们会在第五章更加详细地探讨这个话题。

不仅要做到最好，还要毫不费力

那些不太需要努力的事情，我们每个人都是容易胜任的。然而，我们却极少要求自己做这类事情。而从极大程度上来说，你必须得先创造一个适宜的外在环境，才能够不费力地将事情做到最好。

解决方法：

如果你手头的事情并不是"应该"要做的，可以先想想想做的这件事，是不是有些更简单的方案，而不是一味地去消耗过多的意志力。比如你想要保持车内干净，那么在车里放一个垃圾桶，就不容易随便扔垃圾了。或者，你也可以将杂物暂时放在口袋或者车厢里面。再比如说，为了让衣柜里面的衣服穿着频率平均一点，那你就在每次洗衣服之后，都将它们放进衣柜的最里面，这样一来，那些不常穿的衣服就会被推上前来，下次就能很方便地看到并拿出来穿了。再或者，每周开头的时候，每天需要的穿搭整理出来放在一边，就不用每天都挑选自己要穿什么了。我们提前选衣服的时候，能够想出更多的搭配方案，而在每天的选择时间比较紧迫的情况下，我们很可能会仅仅进行熟悉的搭配。

在很多时候，微小的环境或者工作流程调整，往往能够无须额外的毅力，就能减少甚至消除问题。比如在会客室和卧室各放一个笔筒，而非仅仅在书房里面放一个笔筒，我们就能更轻易地避免笔到处乱放。虽然这是个很简单的例子，但是其中的规律，却同样适用于很多复杂的情况。

有序地管理障碍，则更容易成功

一项合格的计划，就应该清楚地说明自己何时何地要履行这个计划（比如：我计划每天午饭之后，绕着我住的小区走一圈，只要气温高于 4 摄氏度，降雨的可能性在 30% 或以下，我都会履行这个计划）。不仅如此，你还应该为成功路上可能出现的绊脚石做好准备。

你可以用"如果……就……"这样的句型，来清楚地阐释规避阻碍的方法。比如："如果我计划要进行更多运动，但感觉实在太累，那我就……"，接着，在"将一切可能的阻碍统统罗列出来"和"完全无动于衷"两个极端之间，选一条折中的道路，那就是让自己专注于最可能发生的阻碍。相较于在计划中过度乐观的人，"防御型悲观者"在发现潜在障碍上或许会更有优势，因为这是他们的本能。

清楚什么是自己真正愿意做的事

在你为自己不太想做的事情制订计划的时候，考虑到其中产生的阻碍，可能是让你察觉到自己并不太情愿的绝好办法。尤其是你非常想在一个理想的条件下完成自己制订的计划，然而这种条件往往并不存在。比如，大多数人是不愿意完全在自己的饮食中杜绝垃圾食品的，因此，完全杜绝垃圾食品，显然不是控制体重的最好办法。在你发现条件并不允许之前，你可能都认为自己可以完全杜绝垃圾食品。置身于最爱的意大利餐厅、妈妈做了最拿手的芝士蛋糕、有同事带了生日蛋糕来办公室等等情况，都可能成为你的阻碍。而当你开始考虑到这些阻碍的存在，会发现事先计划可能会困难重重，从而重新对这个计划进行评估。

你必须真正地了解自己想做什么。就我来说，会通过三个层次来思考这个问题：我长期以来都愿意做的事；虽不是一直，但有时候可以做的事；我不愿意做的事。比如下面这样：

我愿意长久做下去的事：晚间常常出去散步；在不消耗额外时间的情况下，多做一些运动（比如：不坐电梯而改走楼梯；一公里左右的距离不坐公共交通而改为步行；将车子停到停车场的尽头，既避免了拥挤，又能让自己多走几步）。

我愿意时不时做的事：做瑜伽；进行五公里田径项目；在朋友的邀请下一同运动；旅行过程中尝试不同的运动课程。

我不愿意做的事：在健身房里疯狂流汗；在家里进行健身房式的训练项目。

其实，你并不需要为了成功实现你的计划，而一成不变地重复某种行为。强迫自己去做某件事，只能说是一种自我约束的表现。比如，你实在没有必要连续坚持一个月都做一项运动，而下个月又仅做另一项运动。同样地，你也没必要逼着自己本月只吃素，而下个月又只吃非加工的食品，即使这一切都是你愿意做的。

以"为了某事而做出更好地决定"作为目标，往往容易失败

你可曾发现，将自己的目标定为"我要为了某事而做出一项更好的决定"的时候，往往是没有办法实现的。一旦你要求自己做一个关于"何时何地如何做什么"的决定时，这个决定往往基于此时此刻的心境与处境，而并非长远之计。

解决方法：

比较可行的做法是一旦决定之后，就设置一个体系来支持自己完成计划，同时也要为之选择一个适宜的物理环境，以此来将自己的额外努力程度降到最低。比如，你认为在周末与伴侣共度二人世界，是很有利于亲密关系的。但实现的条件就是需要把孩子安顿好，因此你需要跟保姆达成一个每周五晚上7：30到9：00的特别协定。这样一来，你就不必每周都挂念着这件事情，因为你已经把事情安排得井井有条了。

你是否对自己期望太高而给予太少

　　由于我在前面已经提到过自我批评是如何令人陷入习惯性的自我厌弃的，我就不会再重复谈这个话题。不过，我在这里还是整理了一些额外的小提示：

- 如果你发现自己在考虑这样一件事："我希望自己的伴侣（或其他家人）能对我的某个目标多加支持"，而不是考虑自己多为自己鼓劲儿。那你就该问问自己："我应该如何给自己一些支持？正如我对他人要求的那样？"若是你需要一个精神领袖，那就应该自己作为自己的精神领袖。你需要反思一下自己为什么还无法胜任这个角色，并对如何改进多加考虑。想一想自己什么时候最需要他人鼓励自己，而你又刚好可以通过积极的自我劝导来实现。如果你需要一些实际行动的支持，为什么一定要等着他人的许可和帮助，而非亲自行动呢？

- 在这里会出现一个悖论，若是你比较温和委婉地提醒自己要做到最好，你的大脑反而会做出这样的反应："嗯，你知道的，我或许还能再努力一点儿……"比如说，你试着让自己不要对孩子大喊大叫、唠唠叨叨，你清楚自己正在尽最大努力规避这种行为。为了回应你的自我同情，你的大脑也会基于这种心态，产生一种"你能行"的暗示，告诉自己这个目标是可以达成的。这种心理暗示的逻辑，并不在于让你一板一眼地量化自己多做了多少努力，以及自己在这件事情上能力到底几何。或许这种暗示在逻辑上的确并不完美，却仍然不失为一个有效的策略。对自己的接纳（或仁慈），往往能够让你敞开心扉去做出改变。只要你是个比较勤勉认真的人，这个方法往往是会奏效的，试试看吧！

现在，我们已经掌握了自我厌弃背后的心理学知识。接下来就要继续探索克服自我厌弃的实践内容。在下面的章节中，我们将基于一些比较复杂的改变，针对你在其中需要建立的一些基本技巧和习惯展开讨论，以此获得勇于改变的精力，建立其所需要的心理环境。

未完待续

在本章之中，有哪些案例让你感觉很符合自己的状况？你在书中将这些部分做记号了吗？你做了相关笔记，画出自己的流程图了吗？正如前文所言，通过记录自己的情况，画出流程图，可以更深刻地理解书中的内容，也将让你的努力产生更多的裨益。

不过，假如做标记（或者其他比较直观的方式）对你获得动力是立竿见影的，那你就继续采用。假使你习惯性地一门心思往后读，那就应该采取更好的方式了，即使一时并不能找到你认为"最好的"方式。

对于完美主义者而言，这里有一些便捷的提示：虽然我提议你做点笔记，但不是让你辛苦地全部记下来。比如，我建议你在阅读这一章节后，找到与自己相关的自我厌弃模式。那你的笔记可以像这样记录："我的模式：把解决问题的方式想得太复杂，低估了自我批评的程度。事事都想尽善尽美，让我过度焦虑，也错失了很多简单的解决方法。"由此可见，对于自我厌弃的人来说，保持解决问题的简单化是非常重要的一项技能。

第二部分

——

接纳自己的核心策略

第四章

学会自我取悦与自我关怀

这一章中，我们关注于采用一些简单的方式，来增加你生活中的愉悦感和自我照顾，它们可以让你心境更加积极，也能更加灵活地面对压力。要注意的是，如果你因为本章的部分内容太过简单而不以为意，却想要选择一些更加"困难的"素材，因为感觉它们会对你更加受用、更加高效。事实上，这些复杂的策略可能会适得其反，甚至严重阻碍你的进程。如果你没有打好基础，没有花时间去精进它们，反而一开始就采用一些根基不稳的策略，很可能一举将自己打回原先的范式中。克服自我厌弃模式，就应该简单问题简单解决，即使某些问题看上去好像很复杂。

接受自己的享乐

有一条铁律是值得我们所有人加倍留心的，那就是过度节制和过度放纵的恶性循环。就拿那些深受"无成就感"之挫败的人来说吧，无论是在事业领域还是家庭事务领域，他们都会拒绝享乐，因为觉得自己没有资格。然而，一味地剥夺自己的娱乐活动，以此来限制快乐情绪的产生，往往会物极必反，陷入过度的纵欲之中（从此更没有精力投入到目标的追寻之中了），这是一个永久自持的循环。如果你产生了过多的自我厌弃，并且不断地因此自我批评，那你就是一门心思觉得自己没有资格享乐的典型人群了。下面就是这种令人难以置信，却又十分普遍的范式的流程图。

因为成就感不足而挫败

↓

感觉自己没资格享乐

↓

对自己越加严苛

↓

更没有动力去追求目标＋重新陷入不健康的自我放纵

在这里，我并不是要你一味沉迷于无尽的享受和令人分心的娱乐之中，从而逃避自己的工作和责任，将两者进行结合是非常重要的。你应该允许自己去享受简单的快乐，即使你觉得自己没有这个资格。正因为行为会影响想法与感受，当你允许自己更多地享受快乐，你就会越加觉得值得享受它。反之，如果你一味地限制自己对于积极情绪的体验，长此以往，你就会认为自己越来越不值得享受快乐。一些放松的体验和积极的情绪，有助于让你永葆年轻。让你的心灵放一个假，也能帮助你对那些原本令你焦虑的事情产生一个更加清楚的认识。

接下来的5个小测试，能帮助你分辨出你的积极情绪来源，可能是现行的，也可能是潜在的。

（注意：尤其是在这一章节中，我给出了很多自己的例子，以此来阐释人们思维中的一些观念和设定。相比于一般例子，特例更能够帮助人们理清思路。而分享我自己的经验，也避免了误用一些对本书有所诟病的人的经历，从而导致一些麻烦。我的例子本身并不特别，甚至有时候会让你觉得有些无聊，但我衷心希望这些直白的表述，能够清楚地阐释行为能够变得何等的简单便捷。）

测试1：列出那些对你来说过于奢侈的事，即便它们是廉价甚至免费的

有时候对你而言，即使最简单的行为也能称得上是奢侈。那么，是什么导致了这种感觉呢？而你的答案将非常带有个人特质，也能强烈反映出你的本质。假使你的答案只能引起自己的共鸣，而提不起他人的兴趣，你就会了解自己的快乐是有多么简单了。

为了印证这一点，下面是一些我觉得非常奢侈，实则很简单的快乐：

- 在闲暇的时候，能够仔细地逛逛全食超市（Whole Foods）或者乔氏超市（Trader Joe's），漫无目的地逛逛就好，而不是匆匆拿了需要的东西就走。

- 来一个长长的淋浴。
- 痛快地听播客和有声读物（有声读物一般是我在当地图书馆下载的）。
- 夜间出门漫步。
- 给我的侄子侄女们打网络电话。
- 来场午后小憩。

现在，就将你的例子写在笔记本、手机软件或者任何你用来记录想法的地方吧！

实在不能马上写出自己的例子吗？大概你在看到这个要求之前，从来没有想过这类型的问题。若是你需要几周来积淀一下，慢慢想出这类的例子列成清单也未尝不可。不过一旦这类想法出现，你就要立马记下来，避免一旦分心，它们就从你的脑海里溜走。

关于本测试的另一些提示：

- 这些有效反映你自身的问题，都可以作为一个谈话的主题，在你和家人、朋友之间展开讨论。因为在你非常了解一个人的情况下，你或许可以比他们自己更容易想出契合他们的例子来。
- 在适当的范围之内，在清单上列出的项目都是随时随地可以做到的，也不必花太多时间。如果你有某种极其享受的事情是很难在生活中实现的，就该问问自己"这件事情能不能替换成比较迷你的版本，不需要消耗我那么多时间来组织？"。

测试 2：列出那些对你来说，在享受和杂务之间有条件切换的事情

在不同的背景下，某些简单的快乐可以看作轻松的消遣，也可能被看作恼人的杂事。比如说，我家有个游泳池（这个游泳池让我家看起来又有钱又很酷），而打扫泳池边的叶子这件事，在我长时间工作于电脑面前，需要休息一会的时候，显然是个能找点小乐子的好机会。我可以借此享受一会儿阳光，同时能舒展一下身体，清醒一下脑子。然而，在周末本来就有一堆事情的情况下，打扫泳池就成了非常痛苦的事情。

还有另一个例子，在非常紧张的工作之余，开车去看望一下朋友和家人（甚至只是开车去逛逛）是一种休闲，而在其他的情况下开车，恐怕就是很消耗精力的事情了。本质上来说，在一些艰难的活动之余，做相对轻松的事情，都可以看作奖励或放松。你能不能想到这种任务——用某种方式去做的时候是很轻松的，而换一种方式去做，就又紧张又无聊？将它们写下来吧，进而找到并关注做这些事情时候，那些令你享受而非难受的方式。

测试 3：如何将生活中不自觉焦虑的时刻和简单的乐事联系起来

将愉快和焦虑成对地联系起来，能帮助人缓解焦虑。比如我会在乘飞机的时候带一个花生酱三明治。我并不常常将其当作正餐，但是偶尔吃一次会让我感觉非常爽。现在它已经成为我坐飞机时的必备。正因为已成惯例，因此我走向机场的时候，这件事已经不需要我费什么心思去做决定。

你会将怎样的享受（你并不是非常沉迷于此的），与并不常见的压力性活动联系起来呢？关于这其中的规律，可以再举一个例子。如果你每周或每月有一天或一段时间特别焦虑，比如说你在杂志社工作，文章截稿之前的那几天就是如此。你会将怎样的享受跟这几天搭配起来，让它们变得轻松而有趣一些，帮助你缓解一部分的压力呢？

测试 4：有什么事情看上去令你愉快，却并不符合你的性格

有一些来自简单小事的愉悦感，源于你对于自己的性格以及喜好深刻了解。然而人性总是很微妙的，每个人有着主导的特性，性格中也有一些并不占主导但是很重要的方面。正是这些方面的结合，才让我们成了独一无二的个体。比如说，我喜欢旅行的其中一个原因，是我喜欢和各式各样的陌生人萍水相逢，产生简短而友善的交流。这件事情令我心情振奋，我享受这种意外的惊喜。而旅行可以为我提供很多与各式各样的人攀

谈十几秒的机会。然而，我显然本不该有这种爱好，因为我是个十分内向的人。可是，对于一个内向的人来说，和陌生人十几秒钟的对话只需要承担极小的社会责任，同时让他们很轻松地"排解"社交欲求。我非常喜欢通过这种方式展现我性格中外向的一面。而当你充分了解了性格中这种小小的癖好，以及其中你所享受的部分，你就能在生活结构中，收获更多充满小惊喜的机会。

有没有什么事情反映了你性格中的次要方面，同时令你非常快乐呢？如何去确定一个行为和场景的范围，既能让你更好地了解自己，同时它又并非你性格中的主要方面呢？

测试5：什么事情被你看作生活目标

当人们努力地向着自己所定下的生活目标前进，随之而来的就是更大的幸福感。这即便是对于那些置身于巨大个人焦虑的人来说，也能够十分奏效，比如那些社交障碍人群。

除了干好本职工作以外，你生活的核心目标是什么？有哪些和这个目标相关的行为？其中有哪些是在日复一日中渐渐成为现实的？你或许在亲子或者夫妻关系上，有机会努力成为他人的榜样，在邻里关系和工作岗位上同样如此。探索一下如何将乐事与生活目标进行可行的结合。比如说，将休闲作为生活的一个部分，并且以此为孩子塑造良好的榜样。

如何解决那些阻碍你获得快乐的问题

那些阻碍我们体验到快乐的，往往是一些非常简单、容易克服的阻碍。比如说，你想在堵车的时候听一些有声读物，却因为手机内存满了而不能实现。什么样的习惯可以让你保持愉快情绪呢？比如说，你可以在每周三等孩子上钢琴课的时候，把手机的内存清理一下。或者，你可以将手机设置为自动清理，自动清理掉已经上传到云端的照片和视频。同时，设定一些新的广播片段放在下载队列中，一旦有剩余空间它就会自动下载，听过以后又能自动删除。

当你回顾本章前面测试的回答时，你是不是可以设定一些非常简单的机制和步骤，如此一来，那些愚蠢的小问题就不会阻碍你获得快乐了？

在情绪不佳时，试着进行自我关怀

这一部分，主要是帮助你处理一些不那么乐观的情绪状态。我这么做主要是因为制订一个对抗坏情绪的良好计划，可以确保你不会因此受到不必要的打扰，通过健康而有效的方法度过情绪的低潮，这些计划也有助于你更快地恢复过来。

在你感觉情绪消沉的时候，下面这些方法都是比较有效的，你应该知道，每一种特定的情绪都对我们有着特定的帮助。所有的情绪都会在某些方面对我们有所裨益。比如有些情况下，开心的情绪能够让你的行动达到最佳状态。然而有一些研究证明，在某些特殊的情况下，有一些不那么积极的情绪，比如紧迫感与压力感，再比如面对不公时候的愤怒，反而会让你产生更多的思考、更睿智的决策、更具说服力的见解，以及更恰当的言行。托德·卡什丹（Todd Kashdan）和罗伯特·比斯瓦斯－丹尼尔（Robert Biswos-Diener）合著的《黑暗面中的正效应》（*The Upside of Your Darkside*）一书中，就精妙而有趣地阐释了相关的研究。

接下来，我们就快速浏览一下各种不同情绪的主要影响吧。

- **愤怒**：令我们的行为更有活力、更容易激发起来。

- **焦虑**：令我们更关注细节，让我们对于可能出错的事情提高警戒；促使我们去做"对的事"；帮助我们避免自满。

- **悲哀和忧伤**：它们非常重要，促使我们对自己的价值进行整合、反复、再评估以及深刻思考。与此同时，和一贯的认知正相反，悲伤的心境更能促进自我调节。

- **气恼与挫败**：让我们意识到自己的节奏已经落后于预期了，似乎需要改变方法了。这些情绪还能督促我们指出不合理的事物，畅所欲言地纠正它们。

- **内疚感**：引导我们去道歉和赎罪，阻挡我们再去做一些触怒他人或是容易遭拒的事情。

- **嫉妒、失望与孤独**：都向我们提供了关于自己欲望的指示，并且促使我们转向并实现自己的目标。

- **怀疑**：让我们清楚自己到底在做些什么，让我们对变故做好心理准备，促使我们努力工作或做出改变，同时帮助我们通过合作去处理与意见不合的人的关系。
- **倦怠和劳累**：可以产生很多创新以及真正的交流，因为我们在极度疲惫的时候往往放松警惕。
- **厌倦**：让我们意识到自己需要更多的创新和挑战。

通过了解这些消极情绪背后的积极取向，你就可以在这些情绪出现的时候，显得更加泰然自若了。它们并不真的像你"避而不及"的那样，反而更像一种无害的人生必然经历。

正如我们容易忽视消极情绪带来的积极影响一样，人们往往也会害怕不安的情绪，因为他们也高估了消极的一面。人们尤其容易高估消极情绪的持续时间，高估改变情绪状态的必要性，还极大地低估了自己泰然度过消极情绪的能力，以及长远来看可能产生的积极结果。

下面是一对待消极情绪的策略。虽然看上去有很多步骤，但事实上非常省事，而且长久练习之后，它们会变成相对自发的反应。

第一步：放缓呼吸

你的情绪，事实上是大脑对于身体发出的生理信号的转译。如果你的情绪因为某种自己也搞不清楚的原因而变得过度紧张，同时身体也开始过度反应，那你可以通过放缓呼吸，来减少这种生理上的唤起。注意，你需要非常缓慢平稳地呼气（就像是在轻轻吹大一个气球）。一旦呼气的频率减缓，吸气的频率也将自己慢下来。经过 4~6 个深呼吸，你的心率和各项身体机能也将回到一个更加镇静的状态。

第二步：精确地制定情绪标签

精确地鉴别特定情绪，能够减小情绪的起伏，同时帮助你了解如何针对这种情绪，采取更长远的行动。你需要学会在自己感到焦虑、生气、羞愧等情绪的时候，将它们区分出来。你可以直接用搜索引擎找一串情绪用语的清单，从里面挑选最符合现在自身状况的词语。如果你有孩子，也要教会他们精准恰当地标记自己的情绪。这不仅是一种很好的教养方式，同时也是对你自身情绪技能的锻炼。

那些对自己的情绪体察入微的人，往往很少产生不当的自我调节（比如放纵），很少产生抑制行为，也很少感到焦虑和低落。不仅如此，那些每周在学校学习 20~30 分钟情绪相关词汇的小孩，也表现出了社交和学业上的优势。

第三步：接受生活中的喜忧参半

这件事做起来要比我说的更加严峻一些，但是这非常有助于你告诫自己，我们没有资格仅仅体验积极的情绪。正如前文所讨论的，某些消极的情绪体验，并非是全然有害的，也有它们的积极一面。当人们体验到消极情绪和积极情绪的混合交替时，反而会更加促进行为。

对于消极情绪的容忍能力，能够为你的潜能打开一个全新的世界。由此在问题面前，你会选择最有意义、最适合开发潜能的路径，而不仅仅是最舒适的那条。比如说，当你学会了忍受消极情绪，就不会再一味回避那些令人焦虑的谈话。你将采用更加有意义的行为，比如直接提出自己的需求，即使当时会稍显尴尬。

一旦你开始不为消极情绪而变得失控，或是做一些反常的事情，那你将大大提升自己处理消极情绪的能力，而非一味地产生压力。

第四步：对自己的感受赋予自我同情

换句话说，就是当自己的心情与快乐和满足无关时，也不要急于批评和打击自己。反之，你可以通过承认自己的感受是可行的，来给自己一点简单的安慰。无论你对自己的行为方式作何感受，无论是不是自己导致了这种感受的产生，都可以对自己友善一些。你要相信自己值得得到这种最基本的同情。

第五步：你的情绪是不是个虚假的信号

怀疑、焦虑、恼怒、愧疚等情绪有可能会无缘无故触发。因为情绪产生的目的是为了保护我们免受危险，然而我们的情绪控制机制并不是完美的，有些虚假的信号也会混进机制内。有时候你会清楚地察觉到情绪发出的虚假信号，有时候并不会。一般来说，如果你常常陷入某种特定的情绪体验，就很有可能收到了虚假信号。有选择地接受消极的情绪，其实是接受了你并不能百分之百确定消极情绪在什么时候会成为虚假信号这个事实。

第六步：你的情绪是否为你带来了有用的信息，或者帮助你建立起有用的行为模式

我把对于不同类型情绪的合适反应呈现在本部分最后的表格中。你可以看到你在现在的处境中产生的感受，应该通过什么方法去回应。你不必将这个表格奉为真理，毕竟对于情绪的最佳反应是要视情况而定的。最好的方法是灵活地运用自己的认知和行为，能够基于现在的处境来选择自己的应对方式。

如果某种感觉是有助于你的，你会想要发展出这样一种隐喻，告诉自己你的情绪是服务于自己的，情绪会引导你做出最好的决定，并且基于你在现有环境下的需求，帮助你的行为变得更加活跃、更加成熟。就好比你会认为自己是个将军，而情绪就是最忠诚的士兵。或者你是电影的导演，情绪是手下的演员。总之，情绪会服务于你。问问自己"此刻有什么情绪能够帮助我成功地达成目标？"。在某些特殊的情况下，你的士兵或者演员可能无法做到完美，但总的来说，它们总会在你身边服务于你。

第七步：辨别那些阻碍你实现主要目标的微妙身体语言、声调以及其他反应

在后面表格里的中间一列，我为人们在特定的情绪体验下可能出现的自我厌弃行为划定了一个比较宽泛的体系。然而，我的核心方式其实再简单不过了。人们在体验到消极情绪的时候，所产生的自我厌弃思维和行为模式，往往不会很明显地自主呈现出来，它是比较微妙的。比如说，当你感到情绪低落或者孤单寂寞时，你不会意识到自己的音调和身体语言可能会冒犯到别人，因为你是无意为之的。事实上，人们在与心理治疗师进行单独的认知行为治疗时，治疗师的其中一项任务，就是帮助人们看到那些自己看不到的微妙的自我厌弃模式。不过，认知行为治疗只是一种方案而已，当你尽了自己最大努力，消极情绪还是会对生活产生恶劣影响的时候，可以考虑采用这种方案。盖·温奇博士 (Guy Winch) 的著作《情感急救》(*Emotional First Aid*)，是对一些针对消极情绪的、普遍而微妙的自我厌弃模式进行了解的极好素材，这本书中有相当一部分对寂寞与罪恶感进行了阐释。

情绪	自我厌弃反应	更有效的反应
焦虑	• 避免让你焦虑的事务，通常也会避免那些让你不确定的情况。 • 提高对自己的标准，变得愈发倾向完美主义。 • 过度地思考和探究，决策行动极度拖延。	• 通过减缓呼吸来将你的生理唤起平复到理想的节律。 • 辨认出虚假的焦虑信号。 • 减少回避（见第六章）。 • 试着在你并没有百分之百确定的时候，先行动起来。 • 纠正思维误区，比如小题大做和过度自我。 • 在面对复杂决定的时候，多做。 • 当你感觉焦虑成了问题时，可以尝试一下我在 2015 年的著作《焦虑工具手册》中提到的认知行为治疗（CBT）以及自助式认知行为治疗，也可以在书的资源页面寻找临床干预中心（Centre for Clinical Interventions）发布的免费在线资源。
低落情绪（忧伤或沮丧）	• 回避社交，也回避那些自己往常喜爱的活动。 • 对他人愈加吹毛求疵。 • 过度反思（包括多虑、纠结、放纵与自怜）。	• 通过体育锻炼来激发自己的情绪，也可以选择一些有利于身心愉悦，抑或是意义深远的活动，同时可以试试你正在回避的一些方式（详见第六章）。

情绪	自我厌弃反应	更有效的反应
低落情绪（忧伤或沮丧）	• 缺乏体育锻炼。 • 变得过分消极（为了更深刻地了解这样做的后果，可以移步本部分的最后一章对于过度悲观问题的阐释。）	• 采取一些策略来平衡消极的思维，比如分别想想最好、最坏、最可能发生的情形，而不是只想最坏的。
愤怒	• 不断采用那些可能会对你或者你的亲密关系造成伤害，或是置你于糟糕结果之中的方式。 • 通过一些损人不利己的方式来发泄。	• 利用愤怒的情绪，来驱使自己产生更有意义的行为，比如去维护个人和社会的公平。 • 在某些场合，可以通过表现（可控制的）愤怒来说服他人。 • 可以通过其他有关人员的视角来看待眼前的状况，以此来确定你的反应，这能让你实现更远大的目标。
孤独	• 变得对他人愈加多疑。	• 寻求一些与他人的深刻关系和交流。这里包括友谊，也包括在日常生活中，与陌生人或者并不亲密之人（比如同事）的简短交流。 • 可以多进行一些令你很享受的个体活动，让你感觉自己的陪伴更加令人愉悦。

情绪	自我厌弃反应	更有效的反应
孤独	• 期望一些他人往往会拒绝的事情。	• 增加一些对你而言非常愉快又有意义的社交活动（比如加入登山俱乐部），如此一来，你将有更多的机会去和志同道合的人们增进交流。最好是加入一些成员普遍比较乐观、友善、充满活力的社会组织。
妒忌	• 回避那些触发你嫉妒感的人。比如不和那些在你看来比你优秀很多的人合作。 • 对人进行消极而攻击性的评论。 • 消费超出自己的能力范围，很多消费行为都是出于攀比心。	• 在他人走运的时候多多鼓励他们，比如同事和兄弟姐妹取得了好成绩。 • 向你的嫉妒对象学习，思考他们获得成功的原因。 • 调整心理失衡，比如你是否低估了他人成功所付出的努力、尝试以及成本。 • 问一下自己，对于你妒忌的东西是否真的渴望，比如一份负担很重或者不断出差的工作。 • 仔细确认一下自己是否只看到了他人的成功，没有看到他人的失败与困难，比如社交媒体下的片面视角。

情绪	自我厌弃反应	更有效的反应
厌倦	• 为了逃避自己的情绪，而做一些令你麻木和分心的事情，比如过度工作、疯狂购物、暴饮暴食等。	• 找一些适合自己的、更有意义的活动。 • 考虑一下之所以感觉到厌烦，是不是因为渴望一些新事物或者更具挑战的活动。 • 检查一下自己是不是对生活中的某一个方面投入太多，比如太过辛勤工作。
罪恶感和羞耻感	• 说谎、隐瞒、咎责他人、防御行为。	• 真诚地道歉和赔罪。 • 对羞耻感和罪恶感进行重构。
懊丧	• 过度地陷入"本该、早该、早可以"的懊悔情绪 • 一味地纠结和自我批评，而不采取任何建设性的行为。 • 为了避免过去的悲剧重演，而制定了多种方案，但是一个都没有付诸实践。	• 认清你所需要吸取的教训，并把这种懊恼上升到行动层面。比如你看到了一个形迹可疑的人却没有报警，后来你发现邻居家被偷了。你或许可以就此下定决心，以后一旦涉及这种安全问题，一定要有所行动，哪怕最后可能是个虚假信号。也许你可以在你的电话中，将当地报警热线设为非紧急电话，以增加今后呼叫的便利性。 • 采取一些你看来投资回报率最高的简单行为，来避免下回再出现类似的差池。你可以借鉴他人的解决方法，但是要从最重要的部分着手，不要对此吹毛求疵。

情绪	自我厌弃反应	更有效的反应
懊丧	• 过度地陷入"本该、早该、早可以"的懊悔情绪 • 一味地纠结和自我批评，而不采取任何建设性的行为。 • 为了避免过去的悲剧重演，而制定了多种方案，但是一个都没有付诸实践。	• 认清你所需要吸取的教训，并把这种懊恼上升到行动层面。比如你看到了一个形迹可疑的人却没有报警，后来你发现邻居家被偷了。你或许可以就此下定决心，以后一旦涉及这种安全问题，一定要有所行动，哪怕最后可能是个虚假信号。也许你可以在你的电话中，将当地报警热线设为非紧急电话，以增加今后呼叫的便利性。 • 采取一些你看来投资回报率最高的简单行为，来避免下回再出现类似的差池。你可以借鉴他人的解决方法，但是要从最重要的部分着手，不要对此吹毛求疵。
挫折感	• 轻言放弃或者过度坚持，这取决于你的性格。 • 与他人格格不入。抱怨他人和环境，逃避社会责任。	• 建立对于挫折的容忍度。 • 要求自己多接纳别人，可以降低挫折感。 • 跟自己确定一下，挫折感之所以产生，是不是因为自己的行为需要改进了。也许你已经处于最有意义、最高效的路径上了，而挫败感只是个虚假信号。

情绪	自我厌弃反应	更有效的反应
挫折感	• 不愿接受现实，比如他人告诉你自己的状况，而你却认为他们会变卦。	• 确认自己的抗挫折能力差，是不是由于太累了。
多疑	• 对外表现得过度自我膨胀。 • 想得太多或者过度工作。 • 对于他人的反馈，要么选择逃避，要么选择愤怒或者防御。	• 寻求反馈而非一味逃避。 • 顾全大局，适时退让，反思自己的行为是否需要改变。 • 采取一些策略，让盲点明晰起来。 • 可以在第十二章的负担症候群部分更加详细地了解自我怀疑。

小测试：

有没有哪种情绪，是你从前完全只能看到其消极的一面，而现在对其有了新的认识？上面表格中提到的情绪，有哪些是你需要采用更有效的方式去回应的？

循环递减的自我照顾

这里有一条关于压力的规律，每个人都应该理解。当压力感产生消极影响的时候，也许并不是压力本身直接导致了问题。

效益影响的产生，可能是因为压力感破坏了我们日常的自我照顾，这种影响只是由压力间接产生的。下面我们就来通过流程图，了解一下这种模式。

不常见问题：压力→问题。

常见问题：压力→忽视自我照顾→问题。

自我照顾可以帮助我们将生活点滴与目标都记录下来，同时能让我们在大多数时间保持积极的情绪。而自我照顾的缺失，会让我们感觉糟透了。比如，我有时候会忘记吃复合维生素片，这让我有些焦虑，毕竟我精确地计算过服用的时间，起码在这段时间里它能够负担我身体所需的额外能量和营养。而忘记服用就会减少能量的摄入，因此我会陷入一个糟糕决定导致更加焦虑的恶性循环。

这里列出三种容易被压力所破坏的自我照顾：

- 只要是能够减轻压力对你产生积极情绪，这类积极情绪的来源都能够被看作自我照顾。

  比如你喜欢泡澡，泡澡的时间是你一天中最棒的时刻，它令你身心放松、是缓解压力的绝佳机会，但是如果太忙了，你就没空泡澡。

- 人们在压力之下，很容易产生社交回避。

比如说，你经常会在周五的晚上，去和朋友或者同事喝一杯。如果你因为工作太累而没有去，长此以往，你就会失去一项令你乐在其中，同时能够帮助你减压、转换工作上的疲惫以及和朋友保持联系的活动。

- 你一般会为了日常生活与工作的顺利运作制订一些计划，而跳过其中某个环节没有做，往往会让你陷入压力。

比如说你总会在去超市之前写一个购物清单。如果因为事情太杂太忙，而跳过了这个步骤，你最后可能会忘记一些要买的东西。

再举一个我自己与此相符的例子，在我感觉很累或者压力很大的时候，会习惯性地忘记使用谷歌地图导航。不将目的地输入地图软件，的确是帮我节约了一点时间。但最后我可能会因为自己忘记拐弯，或者因为急于回家而没有发现习惯走的那条路线某一段出现了事故。诸如此类的情况，会浪费我更多的时间。

小测试：

哪种形式的自我照顾，是你在压力大的时候会优先选择的？在上面的三种类型中，选一个例子加以思考。如何增加你即使在艰难的时刻，也能自如地运用自我照顾可能性？如果你并不确定应该如何实现自我照顾，你可以通过阅读第七章中的"看似无关紧要的决定"部分，来了解更多的相关知识。

了解自身需要休息的信号

了解身体发出的信号，知道自己需要休息了，也是一种非常重要的自我照顾方式。

预先警报

我在第二章里，提到了自己需要休息的头号信号，就是开始转换任务——没做完一件事又转而去做另一件。那么你知道自己需要休息的预先警报吗？为了启发你的思维，我先在下面列出一些关于我自己的预先警报。

- 注意力不集中、容易犯错或者需要重复工作。比如由于没有完全集中精力，而必须要重新阅读某些材料。

- 在工作的时候，会隔几分钟离开座位，去做一些和工作无关的事情，比如去冰箱拿一瓶冷饮，或者检查一下邮箱（起身移动一下身体其实很有助于我重整精神，但问题是我这样做的频率太高，其产生的作用已经不再足以维持多久，我知道自己只是在无所事事而已）。

- 不停地浏览一些和工作无关的网页。

小测试：

列举出1~3个关于你自己的预先警报。如果你没法一时想到，可以问问你亲密的朋友。以这个话题展开一场交谈，可以有效地启发你的灵感。

后期警报

我对于"后期警告"的理解，就是在我长时间过度工作，需要适当的休息（比如放假一周，不看邮件也不出差）来重新调整自己的时候，出现在我面前的指示。当你在极度劳累的时候，有哪些关键的信号呢？值得注意的是，在你反复地逃避工作，导致焦虑累积的时候，也会出现同样的信号。因此，如果你已经产生了回避的倾向，要确定这种信号的出现，是因为过度工作还是工作倦怠。

下面是一些我的后期警报：

*   对任何挫折都很难容忍。
*   对任何小小的要求都会产生过度的反应。比如说，收到一条短信要求执行一个很小的任务，我却感觉是天大的事。
*   沉迷于饮食和酒精。如果我在白天又忙又累，晚上我就会大吃一顿或者喝得酩酊大醉。

小测试：

列举出你的 1~3 个后期警报。很多人都会提到不停地磨洋工这种情况，因此你可以写一些真正有个性和特色的例子。可以借鉴我在上面提到的这类例子，即使有点儿尴尬，也没关系。

你的"如果，那就"计划

一旦你确定了需要休息时的早期和后期警戒信号，那就要计划一下面对这些信号应该作何反应了。针对早期警示的反应往往非常简单，比如找个适当的机会休息一下就好。在休息的时间一定要充分放松，不要被各种任务烦扰。比如你可以去外面吃个午饭，不要随身带手机，以避免事物缠身。

而如上面所说，真正在我需要长时间休息的时候，对我能够产生作用的还是周末至少用一天来远离工作、邮件和公差。

小测试：

写出你自己的"如果，那就"计划，以此来应对早期和后期警示。一定要确保你的计划是自己真正会执行的，而不是那种你的"理想自我"想要执行，"真实自我"却并不想履行的计划。在你制订计划之后，能不能预见到后续可能产生的阻碍呢？写下至少一条在你履行自我照顾计划时，需要克服的主要障碍。

当你将自己照顾得很好时，会收到什么信号呢

与你对自己缺乏照顾的时候一样，在你将自己的生活状态保持得很好时，也会有相应的信号。比如泡澡（我所偏爱的方式）而非淋浴，就是一个我允许自己放松的良好信号。

小测试：

写下 2~3 个表示你的压力并没有过大的信号。

虽然本章中的很多概念非常基础，但是它们的重要性却不可小觑。你越是多加练习自我照顾，你为自己进行的放松所消耗的精力就越小。到时候你就可以毫不费力地将自己照顾得很好，你也会发现相比于紧张的状态，自己能够全身心地投入到自己的目标，做到轻装上阵，勇往直前。

未完待续

在你移步下一章之前，试着回答下面这些简单的问题：

- 在本章中，你觉得自己最需要记住的观点是什么？
- 你最希望往自己的生活中，增加哪一件简单的乐事呢？其实现的最主要障碍是什么？对于这些障碍，你用什么方式来克服它们？

补充说明：

＊我们的情感和思维／行为之间，往往形成一个平衡的系统。大多数的情绪都可能会促进某些思维类型，同时也致使另一些思维方式的恶化。这一切与安全感有关，比如说，我们不提倡在焦虑的时候驾驶。同样地，在新心存怒气的时候与伴侣在一

起，也普遍会让伴侣中的一方或双方情绪失控。在这类情况下，我们最好做出一点妥协，并且让自己冷静下来，以此来让自己的思维和行为更加理性。

* 我在此并不是轻视那些深陷临床问题需要帮助的人，强求他们在情绪失控的时候将消极情绪消灭，强行打起精神；也不是对那些可能会产生这些问题的人不屑一顾。人们可能会因为一些实际难处，比如经济原因，从而没办法寻求心理治疗。当然，人们不寻求心理治疗的原因，也可能在于他们忽视了控制情绪的重要性。焦虑是一种非常特殊的消极情绪，即使焦虑情绪发展到非常强烈而且根深蒂固的地步，仍然可以以一种异乎寻常的速度让它烟消云散。对于那些受益于心理治疗的人来说，他们接受了认知行为疗法，或者接纳承诺疗法（Acceptance and Commitment Therapy），往往在头一个月就能够看到疗效。

* 我们会在第十章，更加详细地探讨亲密关系中人们在感到焦虑时所产生的自我厌弃行为方式。

第五章

学会节省时间和精力

我们中的大多数人在日常生活中，往往会感觉到疲于奔命。我们常常会浪费很多时间（或者其他资源），因为我们没有足够的心理能量来支持我们通过一种有效的方式，为源源不断出现的任务建造一个简化的流程。而本章的主题，就是致力于产生一种转变，从耗费大量的努力却仅仅产生一次性的收益，转变为将大多数的精力用于为更有效的一系列任务进行铺垫。为了实现这种转变，我们可以想象自己当老板和为别人打工两者在概念上的区别，你可以跳脱出自己的个人生活来进行思考。为了实现你的计划，你应该像一个公司的老板，或者像有助于推动企业发展的高级雇员一样，将精力投注在高水平的决策上，而非像是低级雇员一样，被重复的任务支配得团团转。

优化你的生活

这一章的内容看上去是在说如何将时间腾出来，而实际上是将大脑开放出来。如果你的大脑一直仅在为那些重复的任务运转，你将腾不出更多的精力来思考更大的局势。而当你为生活进行规划时，其实是在将自己的精力放在更有意义的事物上。

一旦你的纷乱心绪和不必要的烦心事得到了减少，你的生活将产生一种积极的上旋状态。每次你为周期性的任务制定一个简单而高效的流程，你就会因为完成任务而获得信心。同时收获的还有精力。这样做能够为你带来更多的力量和优势，以此去迎接更高的目标，而同时也能让你自信高涨。接下来就让我们通过流程图的方式，来检验这套程序。

你因为对于周期性任务的无效重复，而感到挫败和疲惫。

↓

为了扭转局面，你为这些任务建立了有效的简便流程。

↓

你因此在这些任务上投入的时间和精力大大减少。

↓

每次采用有效流程的时候，你都会觉得自己是个很厉害的人。
你重拾自信，为自己骄傲。

↓

你得到鼓励，愿意去做更多力所能及的事情。你有自信将它们做好。当你养成了解决问题的习惯，你就不会忘记这样做，如此一来再遇到任何事情，都可以毫不费力地做好。

↓

你的生活被恼人、重复的事情扰乱的比例会大大减少。

↓

对于任何你想做的事，你都充满了大量的时间、精力和意志力。

……

我们忽视了浪费的时间（或者一丝挫败）将会聚沙成塔

在阅读这一章的时候，你可能遇到的最主要的认知陷阱，就是我们往往都会低估细微无效行为的积累。若是偶尔多用了10分钟检查一项任务中的疏漏，这并不是多大的事情。然而要是纵观一年，甚至一生，这样做所浪费的时间以及所导致的挫败感就非常可观了。

让我们来看看糟糕的工作流程要产生多大成本。你要是每周浪费30分钟的时间去做一件本来并不需要做的差事，那一年下来就是26小时。因此，即使在非常微观的数量级上，你仍然可以进行一些优化。

举个例子，下面这些时间组合加起来的量，都大约是每年30分钟。

* 每天花5秒钟做一件事。
* 每周做一件30秒钟的事。
* 每月做一件3分钟的事情。

微小时间的节约，或是细微杂事的减少，乍一看可能没什么意义。一般来说，你会优先选择节约大段的时间，而一旦开始着手，你就会收获很多唾手可得的果实。这里举个现实中的例子，比如现在我会在手机软件中键入邮箱地址时，选用键盘

098

的快捷键。当我输入"qwe"（这是键盘最上面的三个字母），我的邮箱地址就会自动完整地跳出来。在你经常做的事情上，进行一些方法上的小小优化，你就会减少很多重复的多余动作，从而获得更多休息、娱乐、思考、交际以及做任何你渴望之事的时间。

你越是意识到碎片时间将会积少成多的事实，你就会越多地对日常生活中所做的事情进行优化。你并不需要去改进所有的事情，但是你的确可以尽你所能，将那些不需要太多努力和牺牲就能得到的小甜头聚集起来。

将最好的事情变成最简单的事

回顾第三章，我引入了一些简单可行的方案，帮助你将手头的事情简化和优化。而这一切的实现，取决于你的做事机制和流程，而并非你的意志力。如果"机制和流程"这个词对你来说太过复杂，这里可以举一个最简单的例子。我家的大门前面摆放了两样东西，信箱旁边就是废纸篓。这样一来，无须将垃圾信件带进屋里，就能将它们随手扔进废纸篓。这就算是件最优的事情。而我在写关于如何制定出有效的工作流程时，发现这也非常符合日常生活的规律，因此这件事情也完全不费功夫。总之这一切一点儿也不复杂。

有时候工作流程上的微小改进，就能够将原本费劲的事情变得不费吹灰之力。我有一个住在两层房子里，且房子二楼带有盥洗间的朋友。她就能举出一个很好的例子。她会在将孩子带到二楼洗澡之前，先把换下来的衣服直接脱在一楼的洗衣房。这样一来，她就不需要再把脏衣服带下楼了。

注解：你在本章所读到的一切，都应该让你感觉到减轻而非增加负担。如果有的事情对你来说很费力，你可以在误解或者将其想得过于复杂的时候，移步去看看另一些相关案例。这一章节的目标在于帮助你通过一些细微的调节，将生活变得更加简单与顺利。我们旨在进行一些细微易行的改进（同时通过它们的不断累积，可以产生巨大的效益），而非实现玛莎·斯图尔特（Martha Stewart）[3] 那个级别的跃进，除非你自己性格使然。

减少决策疲乏，有效规划生活的策略

近年来，有很多文献都探讨了一个问题，那就是长期决策所产生的巨大心理成本。做决定需要大量的心理能量，就好比美味的食物放在你面前，却只能忍住不吃一样。如果你可以通过消除不必要的决策，以此来将认知的经历腾出来，你将得以免去很多负担，变得更加轻松，同时也可以将更多的精力投入

---

3. 美国著名企业家。

到其他活动中去。接下来，你可以看到各种各样的方法能去掉冗余的决策，有效地简化你的生活。要想一下子充分地理解并且履行所有的见解，是非常难以接受的，而你也不需要这样做，只需要将最关键的部分挑选出来即可。如果你正好在寻找权衡的方法，那就直接将其中一种方法运用于你的决策即可。

1. 创建记录清单

建立一个记录清单，可以省去不必要的思考，同时避免遗忘。虽然听起来不太自在，但建立记录清单的最佳时刻，的确是刚完成一件事的时候。举个例子，你可以在出差或旅行回来时，就立马将包里拿出来的东西记录下来，以此建立一个旅行物品的主列表。那个时候，一切你随身带着的很有用的东西、你所想添置的东西，以及你觉得没必要带的东西，都还很生动地存在于脑海里。你同样可以在特定的环境下，在此基础上增加一些附录，比如夏季或冬季出行时。有的时候，建立一个记录清单，就跟用手机拍张照片一样的简单。比如说，你操办了一场年会或是感恩节大餐，你就可以在大采购之后，给收据拍张照，下次就可以不费吹灰之力，照着这个清单买东西。

小测试：

对你的生活方式进行思考，哪些领域是可以通过建立记录清单来进行简化的？将这些领域记下来，以便后续做参考！

2. 记录自己对常见任务的处理方法

记录清单仅仅是做事指南的其中一种形式，还有其他很多有效的方法。

当我们做一件事情习以为常了，反而会忘记最近一次是如何做成的。由于过度自信偏差的存在，我们往往自以为很了解常做的任务，在下一次做的时候轻松想起来应该怎么做，但其实不然。这就导致我们每一次都要重新规划任务。我这里就有一个关于打印机的亲身经历，非常契合这个问题。每隔一段时间，由于墨盒需要清理，打出来的页面会很脏。然而这件事情，每年只需要做几次，因此我并不容易记住整个流程。因此寻找正确的工具和步骤，既消耗时间，又让人恼火。而现在我会自己写一份说明，以"如何清理打印机墨盒"作为邮件的主标题，保存在我的邮箱里面。这为我在紧急情况下印发文件节约了大量的时间，省去了不少焦虑感。这样做节约了时间固然可贵，但消除的焦虑感更是令我获益匪浅。我不必再去冥思苦想："上次我怎么找到的清理方式来着？！"

我还有另一个亲身经历，每次我学习了一道菜，一旦过段时间没做这道菜，我就会忘掉这个菜谱。我总是想着"我肯定不会忘记的"，然而并不是这样。在这种情况下，你就应该花一点额外的时间，将你所做的事情记录下来，然后将这些信息储存在你方便想起来的地方。

小测试：

有没有什么事情是你偶尔才需要做一次（几个月一次、每季度一次或者每年一次），然而每一次你都会忘记步骤？有哪些你需要定期完成的事情，但是忘记了怎么做？你是如何记录下这类事情的信息，以免下次感到焦虑的？下面一些举例可以启发你的思路：计算机／技术、家庭保洁／花园打理、度假相关的事务，以及一些容易忘记使用方法的设备。

3. 将信息储存起来，以便需要的时候轻松获取

将信息储存起来，以便需要的时候可以准确地找到，这样能够帮助你减轻一些思维上的负担。比如说我订阅了一项很便宜的服务（名叫 Award Wallet），它可以将我的旅行路线、航班折扣、酒店预订的信息和使用期限、会员卡号以及密码都记录下来。我再也不用一次性整合所有的登录信息，并且全部将它们记忆下来，我可以一眼就看到自己所有的优惠折扣和到期时间。有了这些一目了然的信息，我就会记得在旅行预订的时候想起来使用这些折扣，帮助我省下开支。

跟打印机的例子一样，这里还有另外一些我用电子邮箱作为主要贮存方式，以保存那些定期需要信息的方法：

- 在我进行书籍写作时，我会将内容保存在电子邮箱，以"a2b"作为邮件名称。这表示需要加进书稿中的内容。在

我突发奇想出一些思路，而电脑又不在面前的时候，我就会用这个邮件标题，将带有内容的邮件发给自己。

- 为了储存一段时间以来通话记录所生成的电话号码列表，我会将这一串号码通过邮件发送给自己，将号码设置为联系人，以此分流电话中的通讯录，同时又方便地联系到此人。
- 我会将图书馆的借书卡号以"借书卡号码"为标题，写一封邮件储存在电子邮箱。

而在某些情况下，最佳的信息储存方案，或许应该将信息方便呈现在你所处的物理环境中。这里还有另一个关于打印机的例子，我在打印机上方的墙上贴了一张纸条，写着"正面朝下打印"，这是专门用来提醒自己打印出货表的时候注意。而将使用说明贴在橱柜里面，也是个很不错的信息简易获取方法，这样一来你可以在需要的时候准确获取信息。比如橱柜里所放东西的位置，以及某些用品的使用说明。

一些可视化的提示或者使用说明，可以很有效地帮助你的伴侣（孩子、朋友或者同事），在不需要询问你的情况下完成任务。

我同样很喜欢在到达或者离开一些重要地点的时候，在手机上制作以地点为标志的提示。比如，提醒自己去超市的时候带上可回收购物袋。由于技术的飞速发展，我常常使用一些依靠科技的方式来将生活打造得更加简单，这些技术将呈现在本书的资源页面，同时还有一些关于如何使用这些技术的链接。详情见：http://healthymindtoolkit.com/resources.

小测试：

列举出生活中可以通过可视化提示来帮助你减少决策焦虑的生活领域，并且确定何时何地应该制作这些提示。

4．流程化地进行家居收纳

与将信息储存起来，以便需要的时候取用的方法一样，同理也可以应用到实体"杂物"的收纳领域。回顾第三章的内容，我举了一个例子说我在各个房间都放了笔筒，以此来避免笔到处散乱。由于我常常要用到剪刀、胶带、笔和尺子，因此我会在卧室、厨房以及车上都各放一套这些用品。

将你常用的物品进行多套备用，不仅创造了方便，也解决了你因急用而产生的焦虑。比如说，我觉得准备两个冰袋非常方便，这样一来我急着出门购物的时候，起码能很轻易地找到其中一个，以免一个用坏了找不到备用。你可能希望自己能够坚持记得将物品随身携带，但如果你并不保证每次都能做到，额外准备一份或许要保险些。

准备好失效保护机制，可以将忘记携带所需物品所带来的焦虑减到最低。我会在旅行包里面一直放一个洗漱化妆包，这样就不需要每次出门都重整洗漱用品。我可能一年会有几次匆忙出家门的时候忘记拿手包，因此我会在汽车储物箱里面放20美元，以备不时之需。

在改善你的日常生活做事流程时，还有最后一点需要你注意，那就是手边的工具不合适，也会带来时间的浪费和压力的增加。而有时候一个廉价的小工具，就能够让事情变得更加简便，比如说在打包的时候准备一把胶水枪。

小测试：

选择下面问题中的一项来回答：

- 你会将什么东西放在顺手的地方以备使用？
- 有没有什么东西是在你忘记的时候，备用一份会很有帮助的？
- 有没有什么东西是多准备几套，放到不同的地方，就能方便你进行使用的？

5. 批量完成任务

有没有什么事情在批量进行以后将会更加有效？下面就是相关的一些案例：

- 有位朋友在读到本章的手稿之后，决定在一周开始的时候先为孩子准备5套上学穿的衣服，而不必每天都为两个孩子翻找衣服。
- 还是那位朋友，她每天会灌很大一瓶水来喝，这样她就能够计量每天的足够喝水量，就是将整瓶水喝完。

- 我女儿要吃婴儿餐的时候，我会将食物事先冻在冰格里面，冻好以后，将它们全部弄出来放进塑料袋里，这样就比每次抱着孩子撬一两块出来节约了大量的时间。

- 我会在取款机一次取出 50 张面值 1 美元的零钱，这样在我需要给小费或者乘公交的时候，就不怕包里没零钱了。我也会在银行柜台办其他业务的时候，顺便换 50 张 1 美元的零钱。总的来说，这种策略避免了零钱用光的尴尬，而你永远不用担心零钱太多花不完。

小测试：

在下列问题中选择其一回答：

- 你会批量购买哪些小东西呢？比如婴儿湿巾、补充装洗手液或者纸巾。是否有一些东西，批量购买能够避免你过于频繁地添置，同时又不会令你的储存空间过度拥挤？

- 你可以开阔思路，想想哪些批量进行的活动能够同时节省时间也消除焦虑？

6. 用启发法来做"足够好的"决定

启发法（在此语境之下）是一种产生"足够好的"决策的原则和指南。这就等同于形成一种经验法则。这里有很多通过启发法来避免耗材用尽，或者无谓地常常做某件事的例子。重要的是，我们不能寄希望于启发法能无论何时都指导我们做出最好的决定。这些方法的目标在于，在减少决策心理负担与做出完美选择之间起到一个调和作用。

启发法对于容易陷入回避和过度思考的人是非常有帮助的。下面是另外一些采用启发法以此来快速进行"足够好"决策的案例：

- 自从我决心当一个"少买东西的人"以后，我得到了一种启发，就是每次买东西的时候，就比所计划的多买50%。比如我本想买4盒酸奶，实际上会拿6盒。
- 如果我对某件不太贵的东西，产生了3次购物欲望，我就会毫不犹豫地打开网页，立刻点下预定按键。
- 同样地，如果我想到自己"要做什么事"3次，我就会马上去做。我并不会逐次计算自己到底想了这件事情多少次，我的估计方法是问自己："你是不是之前不止一次想过这件事了？"
- 关于写作，若是我在某一部分思考的时间过久，那多半就说明这一页应该删去，而不是硬着头皮写下去。
- 要是我因为待办事项的清单感到压力倍增，并且不情愿做这些事，我就会问自己"是不是可以雇个人来做这些？"，以此来估计这件事情是不是真的值得我去做。
- 作家克里斯·吉尔伯（Chris Guillebeau）曾探讨了他在旅

行中所用的 10 美元法则：在 10 美元之内，如果我多付一点钱能减少压力，那我就毫不犹豫去做。

- 我的一般原则是：100 美元以上的任务，总应该优先于 100 美元以下的任务。我会在家务和工作的相关领域，都采用这样的启发法。比如对于不需要的东西进行归置，也按照价值 100 美元的优先于 10 美元的顺序。

7. 在没有明显的负面影响时，使用"准备、瞄准、开火"的方式来改进你的机制

如果你发现自己因为焦虑或者追求完美而迟迟拖延决策，你可能会发现自己在满满的待办事项清单里，写满了"为……做决定"和"找到……的解决方法"这类的条目。那你是时候采取很受欢迎的"准备、瞄准、开火"行动了，即使有什么问题，也等到事后再做改进，而不是一味地拖延下去。

举一个我自己的例子，我家厨房水槽上方的窗台上放了两个容器。一个用来装 25 美分的硬币，另一个用来装其他面值的硬币。它们就是两个旧的外卖盒子，显然不能作为永久使用的容器。然而，我在周围都找不到更好的容器，如果我接收到这种暗示，一直要等到自己找到崭新好看的容器，再解决硬币储存的问题的话，那我可能现在还没开始存硬币。而现在，我已经可以在需要 25 美分的时候随时取用，而不是让整个钱包都塞满硬币了。

假使在硬币储存这个例子里，我最终没有完成"瞄准"这个步骤，有时候我们就应该调整一下问题的解决方式，让它更好地服务于我们。可能一次小小的调整，就能将事情的结果转"危"为安。比方说，我在每个房间都备了一条手机充电线，以免到处找充电线。但后来我发现，即使这样，我还是很难在需要的时候立刻找到手机充电线。为了改进这个问题，我在可粘贴的标签上分别写了"卧室""休息室"和"汽车"，将这几个标签分别贴在每条线上。通过这种方式，只要这根线被带出了本来应该放置的房间，我就知道自己应该归还到哪里了。

小测试：

· 有没有哪些问题是明明可以现在解决，但你却一直拖着没动的？

· 假如一方面你不想通过某种方式改变自己的工作流程，而一方面现行的解决方案又不太奏效，这时候你会如何改进解决方案？

8. 关于半年度或年度事务，要挑选合适的时间点

对于一些特定的物品，在一年中"对的"时间购买，可以省去很多时间和精力。比方说，我每年都会计划在夏末买一件新的泳装，并且把旧的扔掉。而恰好商店每年都会在泳衣完全下架之前进行一次年度促销。

在旅行年度、半年度或者季度计划的时候，要挑选意义最大化的时间点。要如何做才能让这些任务最能够契合你的生活节奏呢？比如说，你需要打一通电话，一周里哪天是你最有时间和精力做这件事的日子呢？节假日的周末是季度工作的最佳时间，特别是促销活动，往往都是在节假日的周末进行，比如劳动节的周末，就可以去选购新的泳装。

除了运用这些策略来做一些必要的工作之外，你还可以通过这些策略来敲定一些自己想做却束手无策的事情。比方说，你想每年都在家里举办一场派对，以此纪念夏天的开始。你就可以挑一个每年的固定日子作为派对的时间（比如六月的第三个周日），再挑一个时间用来发出派对邀请。

谷歌日历就是建立日期提醒的一个很不错的免费工具。你可以在里面设定剪头发或者换机油的日子。使用自动的日历提醒，就不用重复地在日历上手写待办事项了。你同样可以将一些年度任务，比如"准备圣诞火鸡"加入日历里。你可以将尽可能多的信息加到日历里面，比如机修工或者发型师的电话号码。而省去查找电话号码这个步骤以后，当待办事项的通知出现在你的手机和电子邮箱时，你就更加不容易忽略掉它们了。

小测试：

用你常用的日历软件，设定一个自动的事务提醒。如果你没有惯用的选择，就试试谷歌日历，可以将你创建的事项，储存在"副本"箱里面。

9．意识到你在做不必要的重复工作

你会不会因为没有将电话号码保存到通讯录，而每次使用的时候都要重新查找？你是不是每天晚上都要设定闹钟，而不是让手机自动提醒？你是不是都手动将照片进行备份到云端，而不是设定自动导入？你是不是还没有设置自动支付账单功能？

在一劳永逸的方案存在的情况下，我们仍然在进行着一系列的重复工作。事实上，如果在此类情况下完善简便的方案，很可能就是有什么正在阻碍着你。那些看上去"轻而易举"的事情，可能会比想象的需要多投入一点精力。可能你忘记了登录账号，因此无法进入电气公司官网去设置自动付费？可能你根本不知道如何将照片备份到云端？对于这些各式各样的绊脚石，你可能需要采用"先喂饱自己"的方法，在每天的日常工作之前，留出一些时间来完成这些步骤。回顾本章一开始提到的原则，要将精力花在那些今后源源不断产生回报的事情上，而不要纠结于一锤子买卖。

10．摆脱决策依赖者

会不会存在有其他人将决策推给你的情况？因为决策需要消耗心理上的精力，因此一旦有可能，就将决策的工作外包给其他可靠的决策者，是一件很聪明（或者说狡猾）的事情。如果你是个公认的优秀决策者，其他人（无论是家人还是同事）都会让你多做一些你职责以外的事情。比如，这些决定可能都会留给你做：挑选吃什么或者去哪家饭店，如何家庭理财、装潢、购物等等，甚至面对一些机会，也等着你来拍板。

有些人的决策手段比较卑劣。比方说，家里有个人面临着一项决策，他们并不自己做决定，而是将所有的可选方案写成邮件发给你，让你帮着做决定。而你会很容易帮着做决定，毕竟也不是什么大事。人们有求于你的时候，可能会对你阿谀奉承，让你感觉自己很重要。久而久之，让你帮着做决定会成为他们的习惯。最后那些善于谄媚的决策依赖者，一旦脱离你自己做决定，就会变得毫无自信。一般的决策者，都会对决策的结果产生巨大的责任感。而通过决策的分流，相当于你和其他人分担了这个责任，也就让原来的决策者从过度的负担中解放了出来。

那你如何才能培养他人的决策能力，让他们做好分内之事呢？不如试试这样做。当他人要求你帮忙做决定的时候，将它推回去。对方依赖你的习惯越是根深蒂固，你就应该越直接地拒绝。比如说，你可以（好言地）跟你的伴侣说："我不介意你做出怎样的决定，但是我希望你能自己做这个决定。我真心希望你能掌控这件事，而不需要我来干涉。"你要用尽一切可能，增强他们做决定时的自信心。如果你确实对他们的决定有点什么偏好，也最好尽可能将你的要求简单地表达出来，比如"我不介意你买什么洗衣机，只要功能齐全就可以了……"

小测试：

你是不是在决策的制定中承担了太多的责任？你可以列出一个需要加强自己决策能力的人（家人或朋友），可以与他一起努力，帮助他进行自主的决策练习。

在你精疲力竭的时候，该怎样将正在发展的行为机制和步骤融入生活

假使你还在通过低效的方式完成源源不断的任务，那么它们很可能花掉你很多的时间，彻头彻尾地触发你的自我厌弃行为。这些任务将产生心理疲劳和人际压力，比方说你对孩子大吼，因为你在出门前老是找不到需要的东西。一方面来说，纠正这种模式将形成良性循环，一旦你将心理能量腾出来，剩下的一切都会变得愈加简单；另一方面，假使自己已经感觉筋疲力尽，又怎么找得到改善的起点呢？

你在采用本章的提示时，可能会陷入一些误区，比如试图将"生活中的决策"压缩到一起，堆在其他已经在进行的事情之上。所谓的人生忠告，其实囊括了你所想象不到的一大堆日常"应该"做的事情。有谁又能每件都兼顾过来呢？包括自我关注、关注式的教养方式、体育锻炼、家庭烹饪、瑜伽、医疗、人际投入、保持干净整洁、专心投入事业，等等，一天下来，谁又能兼顾过来而不感到精疲力竭呢？

接下来，我们又回过头去看看第三章中一件事情所需意志力的 1~10 各等级。如前所述，假设你每天要在一个特定的时间全心全意去做一件事。假使想要再多做些事，可以将新的行为融入已有事物的时间段，这件事最好本身是比较需要意志力的。

你或许没有注意到，新行为的融入可能会带来一时的改变。比如说，你可能会决定逃离一周的厨房事务，买一些微波食品来吃，并且做一些生活规划。再比如，你的工作有一些弹性时间，你便可以用一部分的工作时间来做一些兼顾工作与私人生活的事情。作为一位自由职业者，我花了多年时间来分辨那些与生活和工作同时相关的事务，在工作日做这些事情是完全可行的。

如果你有很多优先级很高的事情要做，就要在这些重要的事情中再排个序。当我们总是将某一方面的事务作为优先，就往往会忽略其他的事物。当然，如果你偶尔放弃过一节瑜伽课，在同一时间去做另一件优先级更高的事情也是完全可以的，你不用担心做了这件事就会让瑜伽前功尽弃。

如果你发现自己即使在精力的巅峰时刻，都还是会被互联网分心，你可以试试暂时打开"全神贯注"（StayFocusd），这种方法我将在后面的十三章提到。这个小工具是谷歌网页浏览器中的一个免费"扩展包"，可以在谷歌网络商店中获取。在你使用某些网站超出了一定的时间，这个插件就会将它们屏蔽掉。你浏览网页的时间会受到限制。试着用一两个星期，能够让你节省更多有效时间，专注于生活规划中的事情。

另一项解决办法与向他人获取支持有关（比如多让幼儿看护来照看孩子，或者请求同事来承担工作中的额外项目），这样一来，你就能腾出更多的时间和精力用在生活规划上面。在你得到支持的时候来实施你的规划，将为你不断带来回报。这要比把时间用在只会产生一次回报的事情上明智得多。

而帮助你的好朋友如果再精简他们的重复工作，将会对你产生更大的帮助。你周围有没有人也想落实本章提出来的观念呢？你可以将自己现行的规划与改进后的都分享给朋友，以此来激发对方的灵感，鼓舞对方的信心。

小测试：

第一部分：将你的日常／每周活动进行意志力评级，就像下面的案例表一样。当然，样例中列出的活动，可能与你的意志力等级并不相同。

意志力／认知能量 要求（1~10）	活动列举
意志力等级 1~2	例如：看电视、网上冲浪、无节制饮食。
意志力等级 3~4	例如：散步、无节制饮食、制作半加工食品（比如加热外卖或者做沙拉）。

意志力／认知能量 要求（1~10）	活动列举
意志力等级 5~6	例如：烹饪生的食材。
意志力等级 7~8	例如：剧烈运动、礼貌地进行有分歧的讨论、解决一个长时间存在的问题。
意志力等级 9~10	例如：当垃圾食品和酒精放在面前的时候，仍然严词拒绝。

第二部分：对于本章所提及的生活规划，你需要多少认知能量才能完成？基于你的活动列表，有哪些活动是需要你暂时不要考虑的？对我来说，最需要的是大约 5~6 级的生活计划。因此，我就可以将现在手头的一些活动，替换为 5~6 级别或者更高一些的。

好消息：久而久之，你将做事的流程改进得愈加精简，一天之中，你就有更多的时间拥有 5 级以上的认知能量，也就形成了我之前提到的良性循环。

未完待续

在移步下一章之前，请先回答这两个问题：

• 在 10 类减少过度决策、精简生活的方式中，哪一类与你最为贴切？

- 你可以立马在接下来的几分钟里，为当前"无处安放"的东西，找一个便捷的安身之所吗？注意是在不在待办事项清单里，增加新任务的情况下（就像存钱罐的例子一样）。

第六章

学会克服拖延与逃避

在产生拖延的时候，我们往往会产生可怕的焦虑和恐惧。拖延（逃避某种任务）和回避（一种更加常见的方式）同样也会出现在亲密关系中，特别是当你的逃避成了习惯，或者是你已经习惯性地要求他人为自己做事。

对于那些感到自己处于思维固化状态的人来说，他们往往会产生比较严重的回避问题。回避催生压力，同时也会增加你对回避之事的焦虑，同时大大挫伤你的自信。跟完美主义一样，回避也有着自己的悖论。回避型的事务处理风格是自我厌弃的，同时也会阻碍自我厌弃的克服进程。比如说，家里有个人跟我说，她逃避待办事项清单的制定，是因为她很清楚，自己一开始就会逃避这些任务，因此计划很容易陷入困境。

我们总会有一些令自己不堪重负的事务缠身。因此，每个人都需要一本自己的规划手册，用以克服拖延和回避。

克服拖延的 21 条策略

下面有一个庞大的清单，用于把你从回避中解脱出来。通常来说，一个人最喜欢的技巧，很可能也适合大多数人，因此我已经提出了很多建议。你善用的策略越多，面对各种情况的时候，你就更容易在自己的手册中找到适合自己并且在某种情况下最为适用的方法。因此，你至少应该寻找 5 条策略来备用。

在面临回避的时候，你应该训练自己去思考"我能用什么样的策略？"。你也可以在自己需要新方案的时候，参考这个清单。你甚至会发现随着时间推移，你最喜欢的策略和习惯采用的策略，都可能产生变化（我自己的经验之谈）。

小测试：

在你阅读下面这份清单的时候，可以找出那些对你已经产生了效果的策略，以及那些你准备尝试的策略，并对它们做一下标记：

I= 我知道这对我有用。

P= 我准备试试。

N= 我不想尝试。

假如你正在恋爱，可以跟你的伴侣一起比较一下，看看哪些策略对你们两人都适用。

1. 在你的待办事项清单上，只需要按照项目写下正在做的事情，而不必把每项任务都写在每日待办清单里面

因为假使你用的是每日清单，如果某天因为特殊情况脱不开身，而将事情挪到下一天的清单里面，是非常令人泄气的。而将所有的待办事项按照项目分好，你就可以灵活安排自己有空的时间来做这些事。

按项目划分的具体任务列表，还可以帮助你有效地利用碎片化时间。比如说，你现在有 5~10 分钟的时间，而清单里刚好有项任务可以 5~10 分钟完成，你就可以立刻采取行动了。而每日待办事项清单里，只需要留着那些必须今日完成的事务就好（比如"倒垃圾"，因为第二天垃圾车会运走。）

2. 练习做出"足够好"的决策

这也就是说，你在做一项艰巨的任务之前，一定要先做出一个决定。一味地追求每次都做出完美决策，是很容易自我厌弃的，因为这会导致对于决策的逃避。而且与此同时，你还会将更多的时间和精力投入到相对次要，并且事实上更加偏离你生活重心的决策中去。而且，你越是要努力地保持你的完美决策纪录，在想到自己要做一个次优级的决定时，你就越会唤起更大的焦虑（即使是很小的决策）。而你越多地进行"足够好"的决策，以后决策对你来说就越是简单。经过不断练习，你将发展出更强的灵活性，以此来将最有效的时间集中投入到特定的决策上，而不是强迫性地过度思考和过多纠结。

当你面临一项具有很多方案和变数的复杂决策时，试着采用谨慎的方式来简要回顾你以往的每个选择，然后跟随自己的直觉来做出最后的决定。而将所有的信息都装在脑子里面，会让我们的思维过程不堪重负。如果没有足够明确的优质解决方案，就进行简短的有意识思考，将问题留到明天早上；或者做一些有利于活跃思维的事情（比如冲个澡、散个步、开车去兜兜风）。在做这些事情的时候，你的大脑可能会下意识地在后台继续思考决策的事，最后反而让你产生顿悟，或者起码能够为你提供一条带有指向性的直觉线索。

实际上，无论是花大量时间进行深思熟虑，还是进行直觉判断，都可能会产生十全十美的"正确"决策，但是研究显示在很多情况下，凭直觉真的可以做出很棒的选择，而且相比于深思熟虑，显然心理负担要轻得多。

3. 确定那些强加于自身的规则，是不是致使你回避的元凶

你是不是会思考"为了完成这件事，我必须要做某某事"，但这并不一定完全是真实的，可能是你为自己臆造的规则而已。这一类型的规则，会非常不易察觉，因此即使当我们完全建立起了一套规则，自己都很可能没有察觉到。打个比方，你在逃避着手准备圣诞烘焙。你就会被自己的规则"我必须得为圣诞夜准备三款不同的饼干"所深深影响。可是谁说过圣诞夜需要三种不同的饼干，而不是一两种，也不是四种呢？你就不能把自己的期待变得简单一点？或许你明明就只需要一种饼干？

4. 如果一件事情在你的待办事项清单上悬置太久，那就宁可不做

这条策略就又回到事情的优先级问题上了。比如说我有一

个爱好，就是到处旅行，累积（或者说消耗）我行走的英里数。然而每一次英里数的增长，都需要做足大量的准备。而将它们都提上日程是一件压力很大的事，要是不做足准备，又将无法体验到丰富多彩的活动，机会成本反而更高。

对于那些有一定价值，但又并不具有优先级的事务，其实是很难轻易放弃的。然而这又是一种力量，能够给你足够的自信，让你不必纠结于到底什么事才是优先要做的。请下定决心，将那些长久悬置在你待办清单中的事情舍去。找出那些虽然有点价值，但是投资回报率远不如其他选择的任务。

5. 激励他人的同时，也让自己更振奋

当一个人表现出积极的情绪时，他往往能感受到更多的积极情绪。比方说，你为同事或家人近来所经历的成功感受到由衷的欣喜，或是表达感激时，快乐是会加强的。这为什么是克服回避的策略呢？"消极的"情绪信号预示着危险，而积极的情绪信号则预示着安全。当我们充满安全感时，这个时间看起来就是个温暖如家一般的地方，我们就会更愿意袒露心扉。我们在进化中变成了这样。袒露是回避的对立面，也是我们不懈追求的。

6. 问问自己：你是否在通过逃避来反抗他人对你的要求

若是你正在坚持做着别人建议、推荐、鞭策你做的事，而

124

这种坚持是违背你本意的，那么将你所回避的行为与你的个人价值联系起来就比较重要了。比如说，食物已经在你的冰柜里被冰霜埋住了，伴侣唠唠叨叨叫你把它们清理出来，而你却一再回避。你问自己"我为什么非得做这件事？"（就是与你的推力站在对立面了）。你或许可以想想，"我很珍惜自己的时间，冰柜里的东西堆得越多，我就要花越多的宝贵时间来翻找它们。"将你所逃避的行为与你最看重、动机最强的事物联系起来。具有潜在价值的相关事物包括：审美、省钱、省时、优化、增效、安全感，总之你应该通过这些行为来表达你的爱，或是对他人的付出，或是对资源的节省。

7. 试想自己将逃避的事务外包给他人，写下外包的对象及任务的说明。你的说明应该包含足够的细节，以便他人顺利完成任务

那么这些策略到底是如何克服逃避行为的呢？这里有 4 种不同的可行方式。(1) 想象另一个人做你手上任务的步骤，可以让你相信自己有能力完成任务。(2) 通过想象自己将任务外包给他人，可以获得你所需要的心理距离，以此来从逃避中解脱出来。(3) 你对他人的期待或许要比对自己的期待合乎常理。当你为他人设计任务的时候，会本能地将任务简单化，进而减少你逃避的触发概率。(4) 对于那些需要认知努力的任务，可以将完成的步骤制订一个计划。当你按照这些方式完成一遍，你就

会发现任务看上去更加可行，根本不值得逃避了。

8. 借助网络搜索来完成任务

打个比方，如果你一直在逃避制作简历，谷歌一下"简历制作方法"。若是你在逃避在旅行前打包行李，搜寻"（目的地名称）的行李攻略"。即使你根本不需要任务的具体步骤，你也可以通过这种方式获取一些灵感，或者能够产生一种自己在这个问题上并不孤独的感觉。这个策略听起来可能有点傻，但是却有奇效。花一点时间来做这些事情，对你驱散逃避感很有帮助。不如试试这样做，虽然对你来说非常简单。但尤其是当你觉得自己没有精力实施其他策略，或者逃避的事情已经堆积成山，其他策略已经很难奏效的时候，这真的非常有效。

9. 为你逃避的事情设置时限

比如说，你若回避的事情至少需要 15 分钟做完，那你就设定一个一小时的时间。时限的设置可以避免你在做与不做之间摇摆不定，恶性循环。假如你花了太多的时间才决定着手，一旦开始就需要过度工作，而过度劳作更会陷入消极情绪的恶性循环。

10. 打破自己的陈规

比如你通常不在周日工作，或者晚上超过某个时间就不工作了。而有时候或许不该坚持这些事情，打破自己设立的陈规，或许可以帮助你驱散回避行为。若你在拖延了许久之后，突然开始"沉迷于"原本回避的任务，那么持续一段时间反倒不是件坏事，即便是你会因此牺牲一点闲暇时间。然而，你还是要在一定的时间节点上适可而止。

11. 寻求帮助

你是否会在明明有用户支持系统存在的情况下，仍然选择自己解决问题？你是不是往往会忽视一些可以求助的电话、邮箱或者社交软件？相应地，你是否会在社交或工作中明明有人可以帮助的情况下，仍然选择自己解决问题？

重点提示：

如果你是这样一个习惯回避的人，一定要知道，寻求帮助并不代表要你完全放弃独立思考问题的能力。如果对你来说太快寻求他人帮助是一种回避策略，那你可以建立一套指南，来确定什么时候可以寻求外界帮助。比如说，你可以在寻求帮助之前先自己想出三个主意。

12. 将一些你所坚持的事务传授给他人

这个策略主要是针对那些你所回避的工作任务。你可以为你的同事、雇员、领导或者学生制定一些可应用于你工作任务中的讲义材料。比如说，你是一位项目管理者，然而并不想从事过于困难或者劳累的工作任务，你可以根据任务和自己的理解，做一个图表或者小视频，向别人呈现尽可能最简便的任务流程。

另一种与这个策略有关的情况，就是向孩子教授技能。比如说你想回避一些理财上的事务，就可以将一些你比较有自信的理财观念教给孩子。

由于行为会影响思维和感觉，当你展现出对这件事的自信与胜任力的时候，你在相关事务领域的胜任力会因而变得更强。

13. 活动身体

适当活动你的身体，不管是走到信箱取信，搬几个箱子，还是去跑跑步，都有助于激发你的思路和活力。有时候到冰箱拿一听冷饮都对我很有效！（然而正如我在上一章提到的那样，如果我发现自己在很短的时间内一直重复做这些事，那就是我需要休息的信号了。）

14. 欣然接受自己变成"逃避事务的行家"

有的人真的对逃避任务很在行。他们用尽办法对自己逃避的事情进行辩驳，或是直接推诿给他人。他们是原因解释的行家里手，事情一件接一件过去，他们完美逃避了所有不想做的事。不过，我自己的"专业"回避技巧，并不是要严格规制自己去做那些客观上更加重要的工作。我也会忙于那些重要程度处于中低级的事务，有时候重要的任务也会在待办事件清单上一天一天往后挪，有时候一周都没做。我在上一章提到的"100 美元以上"启发法虽然很奏效，但我在这里再次提到，却是因为这个策略虽然在绝大多数的情况下十分重要，但也无须一次不漏地照此执行。

有时候很难解释，但心理上的确有一个令人开心的点，就在于你完全可以轻松地承认自己擅长为逃避而辩护，当然你仍然有责任去做出更好的选择。你可以通过不同的方式进行试验，找出自我同情与责任感兼具的办法进行工作，帮助你驱散逃避行为。

15．从中间做起

如果在你回避的任务中感觉下一个步骤很难推进，可以先挑另一个不那么伤脑筋的步骤做起。制定项目式的待办事项清单（如策略1），可以帮助你轻易地找到项目中可行的步骤，找到最符合你当下心境和关注水平的步骤。

16．"打扫桌面"

这是我最喜欢的策略之一。如果有项任务的确非常重要，但你一时不想开展，试着完全空出一整天时间吧。你可以跟你自己来场约定，若是在这一天你做了一件耽搁很久的事情，那剩余的时间就可以用来做自己喜欢的事情。当然，我不是让你要在一天内看完10小时的奈飞公司（Netflix）连续剧[4]。你可

4.全球知名视频网站。

以这样做，也可以做一些自己比较喜欢的生产工作和个人事务，做这些事情的时候，一定要让自己保持轻松的节奏。

这个策略很适用于你在搁置了一项非常重要的任务的情况，比如购买医疗保险。

17. 扭转错误的思维，进而克服焦虑导致的回避

一旦你预期自己的行为会有负面结果，就一定会导致自己回避。假使你昨天发现自己的工作是件苦差事，你无法很顺畅地完成，那你就很难从中有所收获。但是即使你从跌倒之处开始向前，也并不意味着今天还会产生同样的结果。如果你能感觉到自己在想"事情越来越难了"或者"情况正变得越来越棘手了"，就试试看提醒自己说"那倒未必"。

当你产生认知偏见，就可能对你近来需要做的事以及手上的事情产生一种不知所措的感受。有时候你会高估自己完成一件事情需要的努力程度，低估不起眼的日常工作和努力长期加起来能产生多大的能量。正如作家克里斯·吉尔伯所写，"我们往往高估了一天内可以完成的事，反而低估了那些需要一年才能完成的事务"。

在制定项目的时候，可能还会发生另一种普遍的情况。你在工作过程中感觉不错，一旦离开或者停止一会儿，却感觉自己之前的工作做得一团糟，由此陷入深深的焦虑。当你回到工作中以后，你又会惊喜地发现自己其实做了很多不错的工作，

甚至比想象的进展还要好。然而，当你低估了手头工作的成效时，你就会将重新开始的时间一推再推。

无论是你的何种思维模式触发了对工作的逃避，当你发现其存在的时候，还是会想对其一探究竟，接下来你可以学习一下，如何选择性地相信这些思维模式。

我的第一本书《焦虑工具手册》，就非常详细地对这种焦虑触发的回避进行了阐释和梳理，如果你需要的话，这也是个不错的资源。

18. 尽可能清楚地辨别你的回避行为

接下来的三种情况，看似回避行为，却可以从另一个角度来看：

- 非常显而易见的一个道理：回避就是工作开始之前的踌躇，而做了一些工作之后的间隙，叫作休息。有时候你会将某种行为误以为是回避，因为你没发现有些任务是需要长时间中途休息才行的。比如说，有时候项目中间休息了几周（甚至几个月），有助于你带着新鲜的视角和洞见重新开始工作。即使你认为"休息两天已经足够了"，在某些项目中可能都是个难以实现的奢望。然而批准你自己休息时间长一些，可以帮助你克服回避，因为这可以让你摆脱对于未能马上做完之事的过度思考。或许你只是需要一个更大的间隙，以便之后带着新鲜的视角回归。

- 有的人在对事情的优先级深思熟虑时，也认为自己是在回避。

- 有时候你所认为的回避，准确一点来说是你拒绝了一些你明显不想做的事。比如说，你的生意非常成功，其他人不断告诉你可以轻易进行特许经营、扩大规模、发展企业等等，但你并不愿意。同样地，你之所以总是逃避去健身房，事实上你根本就不想去，那你为什么还要试着让自己去做呢？而当你清楚认识到"我根本不想那样做时"，你将会获得更多的力量。

当你不再因为自己的选择而愧疚的时候，你将有更多的心理空间去扭转你想做出改变的回避行为。我做出过对自己来说最重要的决定之一，就是绝不会登上杂志的广告封面！这个决定令我每当看到杂志上裸露的胴体时，都会发笑。我告诉自己"这是我永远都不会做的事情"。

19.试想一下，假如你完成了这件事，（可能）会有什么感觉

在某些情况下，试想你完成任务之后会有多么开心和轻松，是一件非常振奋人心的事情。不过这个策略可能奏效，也可能会产生反作用。有一些研究证明，将成功具象化可能会减少人们的工作投入。想想成功的情景，可以让你在没有完成工作之

前对自己充满信心。而验证这个策略对你来说到底是蜜糖还是砒霜的方法，就是亲自尝试，让结果说话。就我而言，想象自己回避的任务已经完成的那个夜晚，我是如此的轻松愉悦，这一招非常奏效。不过，这个策略我只会用在可以在工作日结束前完成的任务上。另外，我还会将做完回避任务之后的轻松与继续搁置的短暂喘息感进行对比，以便激励自己。

20．选择对自己奏效的方法（并将其迁移到其他的场景）

你可以做一到两周的跟踪实验。如果你发现了什么轻易帮助你摆脱逃避的事务，就把它记下来。比如说，有人特意对你进行了赞许，这时候你心情大好，有能力去做一直以来回避的事情。在这种情况下，你就要把赞许的内容记下来，并且把它运用到对自己的激励中。

而通过跟踪实验，你可能会渐渐对自己下意识采用的策略，以及那些在帮助你打破拖延方面产生了效果的技术和社会资源有所察觉。比如说，你可以在察觉到自己的逃避感时，跟配偶好好谈一下这项任务，两人一起思考接下来应该怎么做。

在大多数情况下，相比于采用一个全新的策略，采用一个已经用过的策略显然更加简便一些。现在你已经读过这个庞大的策略清单中的绝大部分内容了，对你来说，发现近来成功使用的策略会更加容易让你变得精进。

你应该特别注意，你可以将成功奏效过的策略从生活的一个方面迁移到另一方面。比如说，在工作中感觉奏效的策略，也可以运用到个人理财领域或是你所逃避的事务上面。

21．寻求"表面上的"支持

所谓表面支持，就是当你在做一些想要逃避的事情时寻求他人的帮助，比如打扫车库或者出公差时，让别人陪你出去走走。他人并不能给你实质性的帮助，但能够给你陪伴。

尝试制订一个反逃避计划

人们对于自己逃避的事情，总会有一个主题，而不断选择拖延的任务，都会和这个主题相关。比如说你很害怕某种技术。当你发现自己不确定如何使用某种设备来完成任务的时候，你就会很快感觉到挫败。这时候你要么立刻寻求帮助，要么就把这件事情加入"超难事件筐"，然后听天由命吧。

就拿这个技术相关的例子打比方，你在这里遇到的问题，很可能在于"你不知道自己有什么不懂的"。你不知道自己应该通过哪些技术和行为，才能飞速地提升自己的技术阅历。比如说在笔记本电脑上安装一个网页拦截软件，是一件极其简单而且安全的事情，但是你很可能不知道这种方法。

这时你可以找一位在你回避的那个领域十分擅长的人，帮助你列出一份对这项任务很有意义，而你也力所能及的行动清单。比如说，在你手机的"设置"菜单中进行浏览，探索一下里面的功能，或者在视频网站上搜索一下与你的技术问题相关的解答。

　　当你积累了一张值得做的事项清单以后，可以将每条建议行为的实现难度按照1~10的等级排序，然后就可以由最易到最难的顺序来各个击破了。

　　针对某个回避主题指定的克服计划，你有多种多样的选择，这取决于你所逃避的是什么。比如，你可以找一个很自信（但不偏执）的朋友、同事或者家人，向他们请教一些提升魄力的方法。比如打电话申请免费服务，或者在餐厅提一些特别的要求等等。对于某些主题，你也可以给自己列出行动清单。比如说，你习惯于逃避温暖情绪和积极想法的表露，就可以自己制定行动清单。你可以进行一些尝试，比如表现出爱、赞同、尊重、感激和享受等积极情绪。可以采用语言、文字甚至肢体来表达自己的情绪。

　　假如你沉迷于固积物品，你可以制定一个以丢弃杂物为主题的列表，然后从最容易舍弃的物品开始到最难以舍弃但显然应该清理掉的物品，依次排列好。另一些可以用这个方法的主题还包括对金钱、指派事务以及制定优先级的逃避。假如你倾向于逃避放松，你甚至可以将"享乐"作为清单的主题。总之和其他例子一样，你都可以将这些行动从易到难排列起来。

对于任何一种主题，只有对症下药，才能对每个人产生效用。比如你讨厌桌游，你就可以不用把它加入"克服逃避享乐"这个主题的清单。你应该挑选一些真正让你感到快乐的事情。这些事情可以很简单，比如将你家孩子从婴儿到现在的照片看一遍，或者是任何可以让你心情振奋的事情。

关于这个反逃避计划的制订，很多人会出现的问题在于清单中两个项目之间预留的时间太长。如果你还没有准备好向清单中更难的项目前进，你可以重复已经尝试过的行为，也可以对现行的项目进行一些改变。比如说，探索完手机上的设置菜单以后，再用电脑试试。你应该确保自己选择的行为是贴近生活，并且自己乐于去完成的。

拓展测试：

如果对你来说，逃避是主要的问题的话，你可能会回头看看策略清单，并且基于当下的回避任务，记下一个可以告诉你如何做的代表性案例。其中的关键词在于"可以"，你并非一定要按照这样做。书中的举例主要是用来让你进行头脑风暴，将材料与生活联系起来，并且进入思考阶段。当然，这个过程是需要一段时间的。对很多人来说，回避都是他们自我厌弃中最有害的思维模式。如果你也是这样的话，你大概也会将本章的内容作为你的行动指南。

仍旧感觉难以为继

如果读到这里你还是感觉非常吃力，你可能令自己陷入了压抑。特别是连第四章的内容（关于快乐与自我照顾）对你来说都很难，那你与抑郁就可能八九不离十了。严重的逃避和快感缺乏（一种对于快乐的无能状态）都是抑郁的典型标志。如果已经产生了临床问题，却盲目地进行自我帮助，只会令你更加自我厌弃。你当然可以采用一些自我帮助（包括这本书），不过一定要配合专门的治疗方案，才能针对性地解决你的临床问题。

未完待续

在阅读下一章之前，试着回答这些问题：

* 对你来说，现在克服逃避的头号策略是什么？本书清单中的哪条策略是你已经运用娴熟的？
* 清单中的哪条策略是你最想试试看的？
* 你所逃避事务的前三个主题是什么？

第三部分

——

走出自我否定的思维误区

第七章
别让细节毁了你

人们常常陷入一些思维误区。在接下来的两章里，我都会深入地探讨一些导致人们失败的关键思维误区。我们可能会在生活中的不同方面陷入这种思维误区，而后它们会蔓延到生活的方方面面。我们没办法时刻避免自己陷入这种思维误区。不过，我会告诉你如何在自己陷入误区的时候反应过来，然后在必要的时候对思维进行微调。

看似不起眼的决定

有一种被称为"看似无关的决策"（apparently irrelevant decision）的范式，几乎完全阐释了自我厌弃行为！这个概念就是说，有一些看似无关紧要的选择，很可能让人们背离初衷，并且越走越偏。让我们接着来看一些普遍的例子，你就会从中发现，即使这个概念名为"看似无关的决策"，然而只要这个决策从你脑海中闪过，它就一定有其作用。因此我自己更倾向于把这个词条叫作"看似不起眼的决定"（seemingly minor decisions，简称SMDs），而我在本章接下来的内容中会详细阐释它们。如果这个词条对你来说不好理解，你也可以另外找一个名词，以便你更好地在脑海中将这个概念具象化。

为了阐释这个概念，这里有一些关于"看似不起眼的决定"的例子：

- 你习惯性地迟到，这已经令你和伴侣产生了冲突。假使你有一件非常重要的事情要做，但是你还是想在出门之前"多做一件事"，而这往往会让你迟到。即使你知道多做一件事会制造问题，但你还是会做这个决定。

- 你正在为一个非常重要的项目工作。而你却并没有完全专注于这个项目，反而开始了另一件事，即使你知道投入一项新的工作，一定会分散你原本放在重要项目上的时间和精力，同时也会降低你成功的可能。

- 你明明决定不乱花钱，但还是决定在"黑色星期五"期间，"仅仅去逛一下"商场促销。再或者，你登入了电子邮箱，或者下载了一个应用软件，总之可以让你进入某个商场的促销活动中。

- 你试着与伴侣少斗一点嘴。但你又常常挑起一些明知道会导致冲突的话题，而这个话题原本是没必要说起的。

- 为了保持某个好习惯，你可能会采用某种器材，但它突然坏了。而你纠结于到底是换一个一模一样的，还是换另一款来试试看，由于迟迟做不了决定，因此这个好习惯就此流失了。

- 你往往想着"我只是想在开始最重要的工作之前，先迅速检查电子邮箱"。总之，生活中有很多类似的场景，都因为这种"我只是要做……"的惯常想法，而消耗掉了我们余下大半天的时间。比如说，你在周末检查了工作邮箱，于是接下来的几个小时都陷入了加班。

- 你买了一些垃圾食品，现在并不想吃，于是就在自己并不需要的情况下将这些食物全部带进了房子里面。

- 你将每天要吃的药放在了橱柜里很隐蔽的地方，让自己很难想起来吃药，而不是放在每天早上一眼就能看到的地方。

小测试：

通过了解每个选择都可能影响一系列的行为，从而理解自己"看似不起眼的决定"。虽然听上去有点困难，但是一旦这个概念进入了你的观念并且常常想起，也就不会过于艰难。你有没有过一些行为导致了无价值行为的增加，有价值行为的减少呢？

下面是一些特定的问题，你可以通过它们来理解一些特定的决定是如何影响你的后续行为、未来的压力水平以及事情的结果的。你可以基于跟自己相关的情况，试着画一个简单的流程图。

- 有哪些行为通过影响你的心境，从而影响了你后续的一系列抉择？比如说：你晚上看了一些政治议题，这让你陷入了沮丧，你沮丧压抑的时候，就很难以入睡，因此你熬夜到很晚，第二天也就很没有精神。

- 是什么让你工作进度缓慢，中午没有餐后休息，或者很晚才回家呢？比如说你原本准备停止工作了，却发现应该再完成一项耗时约30分钟的任务，于是你比原本的下班时间晚了很多。

- 那么反过来说，有哪些行为增加了你保证规律生活的概率？
（我们已经在第四章浅显地触及了这个话题，当时我们探讨了在你繁忙或者倍感压力时所忽视掉的自我照顾行为。）

- 有没有什么行为微妙地改变了你未来的情绪的起伏？对我个人来说，有一个非常典型的例子，那就是保证手机一直有电。如果我的手机时时充满电，那我就能随时随地在需要的时候使用。如果我想着"待会要给手机充电"但是没有充上，那我就会陷入焦虑。

- 有什么看似不起眼的决定，却导致了你未来所需的时间成本增加？比方说，与朋友互发电子邮件，却导致你需要处理更多的邮件。

- 有什么需求没有及时满足，后来再想满足的时候，所需的时间却出人意料地增加了？比方说，因为你没有及时清理，污渍会变得更加顽固。

- 你早上起来做的第一件事，是如何影响接下来的一整天的？

- 有没有一个非常微小的行为，对接下来的一系列行为产生了重要的影响？比方说，我将一份正在写的文件关掉了（微小的行为），这导致我接下来一整天都没有碰它（巨大的影响）。要是决定将这个文件当天写完，我就应该在短暂休息的时间内也保持这个文档处于开着的状态。虽然听起来这个观点微不足道，但这的确极大影响了我的工作产出。你也可以找找自己的类似情况。

- 有一些看似不起眼的决定，虽然不一定会导致严重的后果，但又的确增加了你不希望发生的事情的概率。比如说，在宝宝睡觉的时候偷偷走进房间取东西，那么吵醒他的概率大约是 20%。然而，毕竟其有 80% 的可能性不会发生，因此我们很容易忽视这种自我厌弃效应。你有没有什么行为是有一定概率产生消极效应，并且一旦产生就非常严重的呢？

解决办法：

了解你的行为模式以及解决问题的方式。比如说，你习惯于在出门之前急匆匆地"多做一件事"，那就应该多预留出 15 分钟时间。在你计算出行时间的时候，记得要将这个方式养成习惯。

一旦发现自己做出了"看似不起眼的决定"，你应该时刻回顾这个决定本身。打个比方，若是你在为一个本不在自己职责范围内的项目工作，并且为之花了好几周的时间，你应该及时停止，并且重新专注于自己最重要的目标。

你应该避免那些让无效选择更加简易便捷，而令真正有价值的抉择困难重重的决定——比方说，你将一个健身器材挪到

146

另一个房间，于是日常运动就淡出了你的视野和思路之外。

你可以试着制定一项限时的承诺。比如说，你曾因为政治立场和伴侣斗嘴，你就可以承诺坚持两周不谈这个话题。即使是有必要跟伴侣提起，也大可不用开口。你的想法和所做的决定，都可以不受对方行为的影响。如果对方或者其他人提起了这个话题，你也可以尽快得体地转移话题。

如果有需要，可以设计一个替代性的方案。比如说，比如你在举办派对的时候，一般会吃太多，你的第一套计划是可以将吃不完的食物分给宾客。但假如他们谢绝了，你有什么备选方案呢？

关于"看似不起眼的决定"，你可以从你失败和成功的根源分别来进行思考。你可以通过一个一个不同的情况，来寻找更加简单和有效的办法。比如说，为了让自己按时上床睡觉并且保证充足的睡眠，你傍晚 5 点和 7 点，以及晚上 9 点会做些什么呢？这些未雨绸缪的行为，是如何提升你早睡的可能性的呢？你必须鉴别出这样一种模式，假使你在晚上 7 点给孩子洗了澡，那你有 80% 的概率可以按时睡觉。你可以将什么时间该做什么事情，也呈现在时间表上。

了解那些思维中的微妙方面，是如何有效地帮助你或者阻碍你前进的。比如说，我正在写作的时候会想，"我写下来的这些，到底是不是这个话题中我最想呈现的东西？"相比于那些令人焦虑的想法："我希望自己像这样写。"前一种想法更有助于我写出更好的作品。而对于自己思维的选择，往往取决于特定情况下对自己最有帮助的事物。

关于"应该、必须、总是和永不"的问题

认知疗法的鼻祖阿尔伯特·埃利斯（Albert Ellis）在 20 世纪 50 年代发现，招致拖延和 / 或压抑的自我强迫型的规则，往往涉及"应该、必须、总是和永不"的问题。假如你常常责任感过强，以及 / 或者对自己标准太高，你很可能陷入下面这些模式中。比如说：

- 对于我们团队的项目，我一定要比团队的其他成员工作更加努力。
- 我想做的事，一定要从一开始就尽善尽美。
- 我不能犯任何错误。
- 我无论如何都要兑现自己的承诺。

而这些想法往往将会带来麻烦，因为一旦你的思维受制于此，发生任何小错误对你来说都将是灾难。即使你并没有意识到自己产生了此种想法，但是你潜意识中的思维过程，将会从你的行为中得到佐证。假使你对自己的承诺精益求精，对任何人的食言，都会让你感到深深的挫败，因此你会为自己定下强

制性的规则，确保你必须履行所有的承诺。

而苛刻的自我要求会产生一些问题，比如从表面看来，这些要求似乎并没有那么高标准。因为如果你给自己的标准太令人望而生畏，你可能会直接放弃某些活动，因为要达到你自己预期的目标，实在是太有难度了。比如说，你本想举办一场派对，但你给自己的规定是："若是我举办一场派对，那我要让每一位宾客都觉得那是他们所参加的年度最难忘的派对"，或者"我要亲自下厨准备每一样食材，绝不会让宾客带东西"。一旦你出现了这些高标准的自我期待，你的规制会令这场派对给你带来重重压力，而你可能就放弃了举办派对，完全失去了这段体验。

这些有关"应该、必须、总是和永不"的思维误区，在人们体验到压抑和焦虑的时候最为普遍。当人们在这类处境之下，思维会比较僵化。事实上这类问题就是鸡生蛋和蛋生鸡的另一种形式，一旦你的思维模式变得非常苛刻与完美主义，你在面对心理健康难题的时候，就会变得更加不堪一击，长此以往，这种状态会让你的思维误区变本加厉。

这类思维还有另外一些变体，其重点在于，你认为其他人都应该表现得十分得体，并且按照你的意愿行事。而所有事情的走向，也应该按照你的想法进行。比如说，你认为当你在高速公路想变道的时候，其他人就应该随着你的性子，这在道义上是理所应当的。这种类型的思维会让你陷入不必要的焦虑，因为其制造了一种主观权力，并降低了你对挫折的容忍度。而喜欢归罪他人、责任感低的人，非常容易陷入这种应该／必须思维模式中。

解决方法：

试着将"应该"和"必须"用"可以"和"偏爱"来代替，比如说"要是我举办一场派对，我可以自己烹饪所有的食材"，或者"我这人一向信守诺言，以免让其他人为此改变行程，或者产生其他不便"。

轻微调整你的措辞，或许能为你思维的灵活性打开突破口。这种微小的调整，可以帮助你了解任何事情都可能会有些例外情况和小小变数。

小测试：

试着写下一些包含"应该、必须、总是和永不"问题的情景。试着将"应该"和"必须"替换成为"可以"和"偏爱"。弱化甚至消灭那些需要说"总是"或者"永不"的场合。对此并没有什么道理可言，只要你最终学会，用一种听起来比较灵活的语句来进行表述，那就准没错了。"我必须永远都比团队的其他成员工作努力"大概可以变成"我可以更努力工作"。

如果对你来说寻找一个真正能够运用到生活的案例比较难，你可以对现在的生活进行一些假设。这样做可以让你对我们所提到的概念加深理解，进而让你自己的例子随后浮现在脑海中。我的一些建议往往很难马上着手，你可以先选择出一些切实可行的建议来进行实践。

狡辩、借口与推卸

正如第二章着重提到的那样，比如有些人的责任感过重，其他人就很容易变得喜欢将责任推脱给他人或者周围环境，并且容易知难而退还为之狡辩。事实上，即使是责任感一向很强的人，有时候也可能会狡辩、找借口或是推卸责任。

让我们来看一些比较典型的例子。而我会基于这些例子，在每个例子后面的括号中加入一些普遍性的法则。如果这对你来说是个有趣的话题，你还可以进一步参阅格雷琴·鲁宾（Gretchen Rubin）的"发现漏洞"（loophole spotting）系列。

我无法 _____ 是因为 _____

- 我这周没法运动，是因为有项工作的截止日期要到了。或者，我工作以后没法散步，因为家里来客人了（我无法做 X 事，因为要做 Y 事，两者不能兼顾）。

- 我没法好好在地里干农活，这对我来说真的太难了。我必须得让别人来做（我无法做这件事，因为我对此不擅长）。

- 要是办公室有人带生日蛋糕来，我根本没法控制食欲。我抵抗不了免费的食物（我的自控能力很差）。

- 我今天根本没法好好工作，因为我花了 40 分钟时间在电话中处理了一个问题，我现在简直又累又糟心（归因于环境和心情）。

- 我没法完成自己分内的家务活，因为我的另一半对我太吹毛求疵了（归罪于他人）。

- 我没法上夜间课程，因为孩子们希望我晚上在家（归罪于他人，不过出发点在于不想让他人难过，或者为他人带来不便）。

我可以 _____ 是因为 _____

- 我可以乱花钱，是因为我的另一半上周也乱花钱了（归罪他人）。

- 我之所以暴食，是因为怀孕了（归罪于身体原因）。

- 我可以做 X 事，是因为太紧张了，理所应当要这么做（归罪于环境和心情）。

- 我得替孩子们在家准备点冰淇淋，我没办法让他们戒掉冰淇淋（归罪他人——处于不愿伤害他人感情，为他人带来不便的心态）。

解决方法：

对大多数人来说，需要将下面的两种观点进行混合搭配进行思考，看你能想到什么。

方案一：将一些有道理的辩解从毫无道理的辩驳中筛选出来，实在是有些困难。那么哪些辩解是合理的呢？有哪些对于他人和环境的归因，是实事求是的呢？如果一个人通勤的路程很长，然后他表示从公司回家以后真的没力气再运动了，这是真的吗？

下面是我对这个问题的解决方式。如果你有爱找借口的惯性思维，这种惯性思维就是问题所在。你应该忽视那些狡辩和借口的合理性。这种观念虽然激进，但是十分有用。比如说，你想到"我没能做 X 事，是因为我的另一半没有提醒我。"这到底是不是合理的借口呢？视具体情况来看，可能是也可能不是。而在这种策略之下，是不是都无关紧要。你反而应该问自己："这种想法会不会伤害到自己？会不会伤害到我们的亲密关系？这种想法会对我的行为产生什么影响？"你应该试着关注一种想法是否对你有帮助，而非一味关注其对错。你应该将关注点转变为对你有帮助的思维，事实上，秉持何种思维真的可以任由你的意愿。

有帮助的思维方式，意味着你要对自己极度仁慈，承认自己的情绪和欲望，同时也要相信自己可以做出总体来说最好的决定。比方说，你希望自己把近来增加的体重给减回去，而你发现自己在想"我今天应该犒劳一下自己，因为昨天 XX（你伴侣或恋人的名字）买了甜甜圈回来。"这时候就要问自己，这是具有帮助性的思维吗？而非让自己去判断这种思维的正确性。这种自我问答的转变可以如此操作："我是可以犒劳一下自己，的确看到别人在放纵的时候，出于嫉妒，我也可以做一样的事情。我当然值得令自己好好享受一下。但是，我心里已经有了抉择。"

对你来说，找到有效的自我对话方式并非易如反掌。这是种科学，也是门艺术。科学研究发现，自我同情的确是很有利于人们做出优质的决策。而其艺术的一部分在于，将自我仁慈与自我责任相调和，能够让你感觉到自己真实存在着，对自己而言富有深刻意义。你可以试验一下，哪一种自我对话的方式，能够促使你做出最佳的决策。

方案二：在某些情况下，你可以测试一下自己的思维。比方说，你想到"我没法做完工作，因为我整天被人打扰，现在心情一团糟"。我能够理解这种思维，但如果我换种思路，时刻想着倦怠和暴躁的感觉，只会扰乱我的创造性和专注度，那么我这一天下来的产出将会令我很惊喜。在这种思维之下，我需要大约15分钟，就能达到最佳的工作状态，这仅仅是需要一点儿时间，而并非不可能的。若是我将这种思路呈现在电脑上，并且开始照做，我就很容易进入（或者恢复）这种思维方式。允许自己享受一下测试思维之后，结果会超出预期所带来的惊喜，可以将其呈现出来，并且静观接下来会发生什么，无须抱着过高的期待。

如果你觉得太累了不想运动，可以先沿着街区散散步，看看自己的状态。要是感觉精力充沛，就可以再走得更远一些。要是状态还是不好，就可以回到家重重地倒在沙发上。这就是一个测试思维的典型事例，测试结果是你真的太累了。而怀孕时期是否可以暴食的问题，同样也是可以测试的。你可以先试着多吃一点儿（别吃得太多了），看看会发生什么事情。要是你吃了两个墨西哥卷饼，一小时以后又饿了，那你今天可能就还得再吃一个了。

小测试：

你可以任选一条上述策略，并且写出一个自己将策略运用到周期性狡辩问题的实例。

未能考虑到所有可行的选项

我们总是容易低估对自己来说具有可行性的机会。你对于自己的抉择，起码一定程度上基于以下来源：

- 你当下 / 过去的抉择。
- 你对自己性格的了解。
- 周围人的抉择（比如你周围的人，或者情况与类似之人的典型做法）。

让我们依次看看每一种情况。

你会基于以前的决定，来做出新的决定：假如你一直在用苹果手机，最近要换手机了，可能买个新的苹果手机。这种方法可以避免你进行过度的决策。然而有时候，我们也会多次依赖自己从前的决定。我们可能会高估改变选择的难度，还可能低估甚至完全意识不到转变决策的好处。在第十三章，关于金钱方面的自我厌弃行为探讨上，我们将目光焦聚于光环效应和损失厌恶是如何导致我们过度依赖以前所做的决定的。

你的自我认识限制了自己的决定：你可能从来没有考虑过，要用一种与自己主导的观念不相容的方式来行事。或许你简短地想过这个问题，然后马上将其否决了。正如下面的例子，你可能会想：

· 我是个很有礼貌的人，不能表现出自己的愤怒。

· 我是个很随和的人，不能随时都很直接地表达自己的需求。

· 我是个很谦虚的人，不能表彰自己的成就。

· 我是个实事求是／诚实的人，不可能为了得到想要的东西而显得精于世故。

· 我是个很感性的人，因此在我处理这个问题的时候，很难表现出绝对的冷静和理性。

我们的个性中，都囊括了所有的人类特质，只是占的比重有大有小而已。当我们恪守自己的某种特质时，就会减少我们行为的灵活性，也让我们容易产生对结果的厌弃。一旦你将自己看成多面的人，承认自己的天性是可以调节的，你就不会觉得灵活地调节行为是一种不真诚的表现了。

所有的新情况都为我们提供了一个契机，让我们展现出在这个情形下自己想要表现的一面。理想而言，在特定的情况下，你都会将自己最有助于此种情况的一面展现出来。但是，我们通常很难将自己从最主要的一面解脱出来。比如说，你是一个行事周密的人，而这种性格也让你获益良多。然而，当你在打扫房间的时候，发现自己难以面面俱到，从而导致逃避这件事情，这就会为你带来麻烦。是不是某种程度上采用"足够好"的方法来完成事情，也是你性格的部分呢？你是不是可以在打扫房子的时候展现自己的这一面呢？

来自他人的影响：行为是会通过社交蔓延的。比方说，在一位女性朋友生完孩子的一年内，夫妻双方都很容易产生要第一个孩子的念头。这种情况其实基于生物进化的观点，人们会考虑到有经验的家长会为新的家长提供指导。

周围人所做的选择，很可能对我们自己的解决方案产生影响。在某些情况下，当我们完全不知道周围的人如何抉择时，我们自己也盲目跟随。打个比方，我近来听到一个女性朋友说正在计划一场为期两周的印度之旅（放松一下自己），并且不带上孩子和丈夫。我记得当时我想："哇，作为一个母亲，我根本想都没有想过自己能独自一人去其他国家度个假。"

解决方法：

你的性格是不是要比以往想象的更加微妙呢？选取现在正在产生自我厌弃的生活领域，比如说彻底打扫或保持房屋清洁的那个例子。你如何将性格中本来不占主导地位的一面运用到这个情景，并且让你仍旧保持真实的自己呢？你有没有过这样的经历，将性格中的另一面运用到某些事情上，并且最终奠定了事情的成功？你所展示的这个例子，完全可以不局限于现在面临的问题，而选择完全不同的生活领域。

有时候，我们只是需要一个榜样来告诉我们什么是可能实现的。有没有过这种情况，社交圈里有人做出了选择，并且这种选择为你自己的抉择也产生了助力？这些选择如下：

- 雇佣一个海外佣人来照顾孩子，而非选择日托。
- 延长陪产假。
- 采取远程工作的方式，即使在国外公干，也保证自己按照公司总部所在的　　　　时区朝九晚五的时间工作。
- 提前（很多）退休。
- 领养孩子。
- 到一个举目无亲的地方生活，比如另一个州甚至国外。
- 开始一场长时间的姐弟恋情。

- 进行公职竞选。

你是如何与那些已经做过你所想做事情的人交流的，或者说自己是如何成为他人的榜样的？与他人交流也有一些比较"内向"的方式，比如听他们的广播访谈。

对于你的工作、爱好和兴趣所在多做一些思考，或许可以为你提供一些契机，让你去和那些思维有助于启发思路的人进行交流，以此启发你原本有问题的思路。我这人比较容易墨守成规，还有些情绪化和过度敏感，有时候思维容易陷入微观视角，看不到宏观的层面。因此，我发现周围多一些理性、直率、有大局观、不拘一格的人，对我来说很有帮助。我很喜欢这些人通过自己的例子，微妙地给我一些方向上的启发。"X遇到这件事会怎么想？"这种想法，帮助我逃离了自己的主导性思维。

小测试：

励志演说家吉姆·罗恩说过一句广为流传的名言："你往往代表了身边 5 个最亲密的人平均数。"无论这句话的真实性如何，做一个小实验来验证这句话的真实性，你得到的收获将是很有趣的。你花最多时间和谁待在一起呢？这些人是如何影响你的思维和行动的？具体来说，这些人又是如何对那些你眼中的机遇进行影响的？

将原因与结果混为一谈

在自我厌弃模式之中有很多循环因果链，比如自证预言或者鸡生蛋问题。这些问题都是很难界定什么是因、什么是果。

这里有一些很典型的例子，证实人们通常会将思维、感觉和环境方面的元素看成事情的原因，而将行为方面的元素看成结果：

- 当我想到好的主意时，才会开始动手。
- 只有在不那么焦虑的时候，我才会付诸更多的行动。
- 只有在我十分确定的时候，我才会付诸更多的行动。
- 只有在我精力充沛的时候，我才会付诸更多的行动。
- 只有当我感觉跟恋人或伴侣感觉亲密的时候，我才会更有爱的感觉（这就是我们将在第九章谈到的一种循环）。
- 只有在我很自信的时候，我才会将自己的技巧和才华跟他人分享。
- 当我对自己的形象感觉很好时，才会发展更多积极的爱好。
- 当我时间充裕时，才会多休息。

而这些观点其实很好反驳，反过来想也同样成立。比如说，我多一点儿行动，就能感到更加确定。或者，当我将自己的技能和才华分享给他人，我就会变得更加自信。而我深切地体会到，只有当我多多休息，才会感觉时间更加充裕。要是我过度工作，只会感觉一整天乱七八糟。相反，休息一下反而让我觉得时间舒缓了下来。

当然，原因和结果之间的界限，有时候本来就比较混沌。而正因为行为相比于思维和感觉更加容易直接控制，因此将行为看作原因、思维和感觉看作结果是比较有帮助的。

要是你还在迟迟等着不愿行动，试着转变一下思路。比如说，你的问题在于"要是我经验丰富一些，我就能更好地考虑全局"。然而你先将视野拓宽，就可以看到一些更加快速获得经验的方法，而不是将自己暴露在巨大的下行风险之中。

当然，转变想法并不会百分之百地指导你向正确的结果靠拢，但是有助于挑战固有的思维，帮助你从不同的视角看待问题。

在亲密关系中，我们总是将自己的行为看作对他人的反应，按兵不动地等着他人先做改变。而这很容易造成两人之间不必要的紧张局面。比如说：

- 要是我姐姐少和我作对，那我就少和她作对。
- 要是我的亲家多接纳我一点，我就多接纳他们一些。

小测试：

你应该试着转变那种"我之所以做了 X，是因为 Y"的思维模式。来看看思维的转变，到底可以产生什么样的效益。比如说，我会将"我之所以转换任务，是因为我太累了"这种思维转变为"不停地进行任务转换，使我精疲力竭"。前一种想法可能更加真实，但是后一种显然强调了任务转换是多么令人疲惫。还有另一个例子，将"我过度饮食是因为我比较懒"转变为"我之所以懒，是因为我过度饮食"。两个版本其实都有其真实之处。如果你因为过度饮食而感到良心不安或者了无生气，或许你就应该停止了。

未完待续

试着回答这些问题，来看看你对本章的内容有多深刻的了解。

- 列举一项与你自我厌弃模式相关的"看似不起眼的决定"。
- 什么样的自我辩解令你产生了问题？
- 有哪些你想做的事情是你现如今觉得"不可能做到"的？

第八章

不要输在思维偏差上

在本章中，我们会继续着眼于那些令我们的选择变得贫乏或者导致我们焦虑的偏见。接下来，我们将从对于有关自我设限的思维误区的讨论中，转而谈论一些更加普遍的思维偏差，这些偏差会影响人们的决策，甚至改变生活的方向。

实证性偏差

在你产生偏差之后，你的大脑就会抓住一切证据来支持你的结论，你也将忽视其他的信息。比方说，假如你对某个人颇有好感，而他的行为方式即便处处激怒你，表现十分放肆，你也会将这一切往好的方面想。反之，假使你不喜欢的人，你就会对他们的行为产生苛刻的评判。

关于这种偏差还有诸多例子，比如：

- 一位有意向购房者看上了一套房子，即使后来房屋的审查结果并不乐观，他也很难改变自己的想法。
- 一位产品开发者认为某个方案具有巨大的潜力，因此很容易忽视那些认为这个方案不容乐观的建议（比如：跟这个方案类似的产品，其实并不受市场欢迎）。

- 一位医生在初步诊断之后，就不愿再考虑其他问题发生的可能了。
- 一位科学家（或者政客）容易忽视或者轻视那些不支持他们论调的数据。
- 一位家长一旦建立了对自己孩子性格的观念，或者确信了某种自认为最好的教养方式，即使有其他的证据出现，他们也会对转变思维产生抗拒。

一旦我们建立起某种观念，我们的行为方式很可能加剧思维误区。具体情形如下：

- 一旦医生下了初步诊断，也许就不会询问病人反映其他诊断的症状，从而切断了那些可能指向正确诊断的线索。
- 一位坚信某个理论的科学家，很可能与同样支持该理论的同行频繁合作。
- 当一位家长坚信某一种养育哲学，就会更倾向于挑选支持这种哲学的书籍和文章，也更愿意与志同道合的家长相处。

解决方法：

减少这些偏差的主要策略，就是习惯性地、积极地寻找一些并不支持你的观点，反而支持其他观点的论据。比如说你是一位政治竞选经理人，认为自己的候选人会以压倒性的优势取胜，你就应该积极地寻找一下支持另一方的信号。

为了保证自己开放地接纳各种可能性，我们应该在过早下结论的时候，产生充分的意识。这样一来，在工作、政治和规程制定方面，尤其可以有效地避免证实偏见。比方说，在一位医生完整地了解病人的病史之前，都不应该过早地确诊。假使你在一个团队内工作，那么团队内的会议应该保证存在一种制造不同意见的机制。如果你是独自一人工作，那么你需要自己制定一套程序来减少证实偏见，比如将你的计划交由（其他的）专家，进行外部反馈。

根据最后一章的内容所言，你可以让自己身边围绕一些你感觉很有水平，但是思维方式跟你有些出入的人。

你应该了解与性格"难相处"的人交往的好处，因为这种性格的人习惯于指出别人的问题，或者提出反对意见。而这些喜欢提不同意见的人往往很有价值。他们不容易轻易地基于感性同意他人的意见（你可能会因为他们的冷漠受到伤害和挫折），但他们的确可以挑战你的固有思维，避免你被实证性偏差引入歧途。假使你处于一个很难产生原创思维的环境中，周围多一些不同意见的人是非常有意义的。当然，要是你身处的环境中本来就充满了创造性思维，也支持天马行空的想法，这些提出不同意见的人的作用就没那么明显。

实证性偏差有一个重要方面在于，一旦我们坚信自己的想法就是最好的，我们就会将自己封闭起来，不再吸取其他人从不同角度提出的好主意。比方说，假如你对那些生活方式比较传统的人有偏见，或者你不喜欢那些生活方式另类的人，你都很难去关注到他们生活方式中的可取之处。

你可以思考一下别人身上令你难以忍受的品质，是否这些品质在某些方面也能帮助人获得成功。我们常常（当然不总是）能够从那些激怒自己的事情上学到东西。比如说，我很擅长让任务批量完成。我宁可每个季度就花一整天来完成一件事，也不愿意将这些事拆到每周做一点。我会觉得拆分来做效率很低。但我要是更加灵活一些，我能够找到一些可以改变策略的情形。

值得注意的是，你之所以采用某种思维方式，是因为你想实现某件事，或者仅因为这种方式比较方便，而并非这种方式真的对于每个人来说都是有益的。比方说，你觉得孩子应该少看电子设备屏幕，将这些时间用来发展一些特长。然而，你之所以这样想，是因为自己不想将电子设备让出来，要是你和孩子同时想用电子设备的话，你就不能无所顾忌地在他们面前使用了。这类情况下，你应该承认自己思维背后的真实动机，也不要忽视一些与你的观点对立的论据。这样做可以确保你的决定，是在论据充足的基础上产生的。

小测试:

你可以对自己在生活中的不同角色进行思考（比如部门经理、家长、朋友等等），有哪些容易被忽视的论据，可能会给你带来较严重的问题？你又是如何建立一套程序，用于推进自己积极寻找一些与现存思维相对立的论据呢？

相比于积极信息，人们总是倾向于分享消极信息

生物进化使然，我们具有一种在危险面前防范他人的天性。从进化角度来看，分享积极信息所带来的益处，不及分享消极信息。显然，找出有毒的浆果，要比找到可食用的浆果更为重要。同样地，防备一些不值得相信的人，也比时刻记着夸赞那些好人要更重要。人们也会通过一些负面的口碑评价的传递，来惠及自己和他人，这样做可以为人们提供一种自我确认的途径，同时消除一些不公平感。

在现代生活中，关于这种偏见的一个事实是，在使用谷歌搜索引擎的时候，相比于积极信息，我们都更倾向于搜索消极信息。假使你容易焦虑，并且有过度思考的倾向，这么做就会让你更加抑郁甚至麻木。假使你需要规避不好的决策，这么做会导致你很难下定决心购买东西，甚至无法决定尝试一家新的饭店，因为所有的选择看上去都不那么好。

在很多情况下，这些歪曲真实的情形都很容易导致不必要的焦虑。我还记得自己怀孕期间，对于分娩的焦虑极其高涨，因为我在网络上读到关于分娩的故事都是消极的。类似的情形也会影响到一些慢性病患者。通常那些获得良好治疗效果的人，

不会整天在论坛上跟别人分享。而那些苦苦挣扎，需要搜寻更多的解答与支持的人，会更加活跃地分享自己的故事。因此，如果你搜索一些与你的问题相似的个人经历，你所阅读到的内容应该都更偏向于消极。

解决方法：

通过一些客观数据来做决定。比如说，80% 与你病情相同的人都通过药物获得了疗效，那么你通过其获得疗效的概率就会很大。

通过寻找一些积极的表述，来调和你的消极信息。比如说，你的医生建议你通过药物来治疗你的躁郁症，但是你很害怕这样做，于是你可以要求医生提供一些匿名的病人资料，以此说明他们使用药物以后的好转情况。有时候你也可以到网上找一些积极的个人体验。我在怀孕期间，就无意中发现了一个网站，焦虑的准妈妈可以在上面和具有积极分娩经历的妈妈们进行交流。我当时没有使用这项服务，但它的存在是令人安心的。

在你阅读网上信息的时候，除了要看这个信息的评价体系，还要通过仔细阅读来判断它们是不是真的与你的实际情况契合。比如说，一条有关电脑的评价是抱怨键盘没有背光，而你根本不会在黑暗时使用电脑，因此这条评价就跟你没关系。同样地，如果某种设备的电池续航能力差，但是你手边随时都有电源，那这对你来说也就不是个问题。

在你浏览评价的时候，也要注意一下条目的数量。比如说，评价数量寥寥无几的医生与每月都要收到几百条评价的医生做对比时，评价好坏的参考价值就很有限了。

小测试：

你能在自己的生活中，找到他人的消极体验没来由地在你脑海中占据优先地位的情况吗？你应该怎样将这些消极信息放到合适的情境下，以保证它们不会反过来影响你的行为和感觉呢？

你倾向于认为，对他人而言的事实，对你而言却不然

可笑的是，还有一种十分广泛的偏见：我们倾向于认为自己会比他人更理性。我们相信自己能够免疫于认知偏见（起码受到的影响比较少）以及其带来的失策。总之，几乎所有人都认为自己"高于平均水平"，特别是在那些自己视为重要的领域中。

这里有一些例子。假如你意识到了自己的错误，并且感到无比尴尬，你一定要了解犯错并不是因为你不聪明、不够好或者道德低下。当你意识到自己的问题后，要善于采取自我同情的方式，善于与其他优秀的人共同分享缺点。

你可能这样想:

- 你有能力在自己卷入利益冲突的时候，保证自己不产生偏见。比如在医生为自己家人治疗的时候。

- 即使大多数办了健身卡的人最终也不会去健身房，但你就是能够将健身完整地坚持下来的少数派。

- 即使大多数人都很难坚持节食，你也可以做到，即便你自己也尝试过一样的节食方案并且没有成功。换句话说，你觉得对他人来说，先前的行为是可以预测未来的，而这对你来说却不一定。

- 即使很多人告诉你，照顾两个孩子的难度并不单单是照顾一个孩子的两倍，但对你来说肯定不一样。

- 即使人们告诉你，生孩子这件事最后可能不会按照生育计划来实现，对你来说也是一样。但你就会觉得，这是因为其他人没有像你一样下定决心严格遵守计划。

- 大多数的父母与祖父母都会带有偏见地觉得自家的孩子会比自己更有天赋、更有才华、更加独一无二，而你还是真的认为自己的孩子比一般小孩更优秀。

- 即使大多数人都不喜欢看别人的旅行照片（而你更是讨厌看别人的自拍），可有些人则总愿意盯着你的照片看半小时。

- 即使人们没法在非常疲惫的时候安全驾驶（或者边发短信边驾车），但你一定可以。

- 你认为自己不会像其他人一样，容易受到市场营销或者是其他商业策略的影响。比如说，即使大多数人使用信用卡时，下意识地花更多钱，但你却和他们不一样。

- 即使对于其他人来说，做出行动上的承诺容易动摇思维，但你却不会。你觉得自己在免费试用期过后，就能够将试用的服务退订掉。你同样也觉得自己买了两个东西，决定退掉其中一个时，最后一定可以顺利地跟预期一样退掉，而不是两个都将就地留着。
- 即使你在家居频道上看了数百场展示，知道过度个性化的装饰会导致你的房子更难卖出去，你仍然坚信自己的个人品位能够打动他人。
- 你会比一般人更不容易下意识地产生种族刻板印象。
- 你不会落入评价陷阱：比如倾向于对跟你相似的人进行积极评价，或者倾向于对颜值更高的人进行积极评价，认为他们比缺乏魅力的人更加聪明，或者更加仁慈。

解决方法：

对你来说，当务之急就是承认一点：对别人来说的事实，对你来说也是同样的。要试着发现跟大多数人一样也没什么不好的，而不是一味地对你的不够特别而感到失望。跟别人一样有一个很大的优势，那就是这些偏见都已经被研究和证实过。当思维误区对你产生消极影响的时候，你可以通过简单而可操作的步骤来减少这些消极影响。比如说，你开通了一项业务，免费试用期过后却忘记取消。那你以后就应该提醒自己习惯于单独办理业务，而不要沉迷于那些订阅式业务和长期合约。第十三章将会详细探讨这个问题。

小测试：

为了拓展思维，你可以再找一个与我这个清单中不同的额外例子，来论证相比于一般人，你更不容易受到思维误区的影响。通过更深入的观察，你可能会发现自己比想象中更加接近平均水平。

如何避免对于潜在健康隐患的忽视

正如人们往往会认为自己比一般人更不容易受到偏见的影响一样，很多人也会觉得相比于其他人，厄运也不容易降临到自己身上。比如，你会认为相比其他人，你更不容易罹患癌症或者家中被盗。正因为这种偏见而产生的可怕暗示，我们才更值得注意这个问题。

在这里，我会给你一些建议。一旦自己意识到了潜在的严重健康隐患，行动就变得刻不容缓。接下来我们就来看看，在这种情形下，是哪些思维阻碍了人们寻求帮助。

当人们发现一些诸如肿块、肠道功能异样，或者轻微出血等生理症状时，往往会在"没什么大不了的"和"要是这真的很严重，那我就要死了？"之间摇摆。而无论是对危险的忽视，还是过度的灾难化，都会导致你的拖延。你要确定自己已经想到了介于安然无恙和不治之症之间的所有可能。

这个问题还经常出现在这种情况下，人们通常会想"我现在没空处理这件事""我现在手边还有好多事，根本没空"或者"现在一切进展都很顺利，我不想打乱节奏"。一旦产生这些想法，你就应该考虑一下，这些问题并不严重，不足以影响你的生活，又或许它们已经足够严重到必须要尽早采取行动了。

人们有时候会想"要是我花了时间和金钱跟医生预约，结果一周以后病就好了，那我会很生气的"。而事实上，你花的这点时间和金钱，跟你因疏忽大意而导致疾病恶化的严重后果相比，简直是微不足道的。那些理想主义者，可能尤其容易受到这种想法的影响。

正如前面提到的那样，矛盾的点在于，担心太多的人往往不容易制订具体而有逻辑的计划并付诸行动，因为想到要做这些，就会让人感觉压力很大。而在你意识到潜在的健康隐患之后，为你要做的事情制订一项可操作而又具体的计划可以帮助你减少担心，并且做出最好的选择。

解决方法：

了解自己身体的正常状态。比如说，要是你的排便习惯产生异常，出现间歇性的便秘和腹泻状况，或者持续不断地出现便秘或腹泻，可能你的肠道功能正在发生改变。同样地，你也应该了解自己的正常体重、心率和血压。

如果有必要约医生问诊，就腾出一段时间来做这件事。比方说，你知道每周三上午不会开会，而看病的时间又必须预约到工作日，那么周三上午就是你请假的最好时机。

如果你有一些慢性健康问题，需要有规律地看医生（比如每半年需要制定新的用药方案），你可以在拜访医生之前一天晚上设定日历提醒，并且对自己的症状变化或者新产生的症状进行简短的思考，甚至可以包括一些看似不相关的问题。然后自己做一个笔记，你就可以在约见医生的时候，想起来提到这些信息。

假如你产生了某些症状，可以在症状第一次出现的时候用笔记下来。对于间歇出现的症状，可以在每次出现的时候都记下来。我们很容易低估或者忘记症状产生的时间。为了让临床专家为我们提供更好的方案，病人自己对于问题的记录，对健康的评估和后续治疗都非常重要。

你可以准备一个特别的清单，专门列出那些一定要去看医生的症状，比如：在你不常头痛的情况下感觉到了头痛；在没有感冒的情况下淋巴结肿大；痣的形态产生变化；肠道功能改变；或者出现任何异常的肿块、伤痛、出血。

可以邀请一位朋友作为你的问责制搭档。你可以和朋友或者亲密的同事达成共识，如果发现自己出现了任何不寻常的生理症状，一定要及时告诉对方，双方要对彼此负责，督促彼此及时检查。

你可以设想一下他人产生了与你相同的症状。如果那是你的伴侣、孩子或者最好的朋友，你是不是会让他们及时寻求专家诊断？假如你有孩子，就应该考虑到自己的榜样作用。等到他们成人，遇见同样的事情你希望他们要怎么做？

在你比较有空的时候，也可以和医生预约一下，这样有机会问一些以后可能没有时间问的问题，比如根据家庭史筛查出一些问题，诸如通过结肠镜检查来对肠癌进行筛查。

假如你已经结婚或是有固定伴侣，在你想要检查或者提到这件事，但是自己又并没有付诸行动的时候，也可以让配偶在这种情况下为你预约一下医生。这并不是主动放弃自己的责任，而是你退缩时候的一个支撑。

要意识到我们可能会在坏事来临的时候，低估自己处理问题的效果。如果你的诊断结果是需要进一步的检查或者治疗，你也可以在不毁坏生活、生产、创造力的情况下，将这个问题处理得比预期要好。

未完待续

在本章中，你所获得的最重要信息是什么，按重要程度列出 1~3 条。

第四部分

—

如何与他人建立良好的关系

第九章

了解破坏亲密关系的行为模式

该部分中的三个章节，可以帮助你化解不同种类亲密关系之间的自我厌弃行为。本部分的前两个章节是关于恋爱关系，后一个则是关于友情与工作关系。有很多研究都充分表明，我们与周围人们的关系质量，对我们生活的整体满意度有着极其重要的影响，起码对于大多数人来说是这样。因此，我们应该给予亲密关系更多的关注。

　　在这一章中，我们提供的策略是针对那些稳定和谐的长期夫妻关系（而非刚开始约会的情侣、充斥着暴力的婚姻关系，或者存在问题的关系）。我会为你展示一些鉴别与调节普遍的自我厌弃模式的方法，让你尽可能在自己的亲密关系中变得更加幸福。

　　相比于对友谊和其他亲密关系的研究，对于恋爱关系的研究数量更多，这也就是为什么像本书这一类的读物，会让恋爱关系占更多篇幅。但是你会看到，这里提到的很多原则，都可以外推到其他的亲密关系，比如同辈关系、朋友关系、亲子关系、上下级关系、团队成员关系、姻亲关系等等。

　　乍一看我们会觉得，相比于处理个体的模式，处理亲密关系中的自我厌弃模式似乎要付出双倍的努力。毕竟你所处理的是双份的性格冲突和情感包袱。然而有趣的是，事实并非如此。

通过广泛的研究，人们已经很好地掌握了夫妻关系中的模式，绕开陷阱、解决问题的方法也没有你想象的那么难。接下来我们就来看一些直接的策略，以此来避免亲密关系堕入消极；如果不好的事情已经发生，也可以及时令其回归正轨。

一旦夫妻开始频繁吵架，他们就会过度关心减少冲突，而忽视巩固亲密纽带的机会

研究发现，有一个极其简单的公式可以预测一对夫妇是否过得幸福：为了维持亲密关系的满意度，伴侣需要对每一次不愉快的交流产生至少5次良性互动。而那些濒临破裂的婚姻中，伴侣的积极交流和消极交流之比大概是1:1。

那些挣扎于频繁的争吵中的夫妇，会忽视增加积极交流的重要性。或者说，他们本能中知道积极交流是亲密关系的关键，但是对此感到充满压力，甚至有些厌倦。这种思维还可能导致另一种情形，那就是夫妻并不常争吵，但是渐行渐远。这类夫妇也需要增加积极交流，以增强彼此间的纽带。

而减少争吵之前，应该先增进彼此关系的原因在于，你们两人之间要是缺乏强有力的关系纽带，就不会有足够的互相合作意向。为了实现在争吵中依然关心对方，你需要激活自己对他人的积极依恋感。而你心里过不去的坎儿就在于，你没有发觉亲密纽带比较脆弱的时候，应该对对方多一些温暖和爱。假

如你一直对此不够在意，你的亲密关系还会继续急转直下。相反，你只有表现出爱意，才能感觉到更多的爱。因此你需要先行动起来。只有付诸行动，你的思维和情绪才会自然随之改变。

在长期关系中，产生一些不愉快的小插曲也是正常不过的，这或许能让伴侣们在长期的压力下感觉到解脱。有些极其细微的行为，都能够改变你的情绪轨道，从而令处于下行的亲密关系开始螺旋式地回温。一旦你获得了更加积极的关系纽带，你就会发现即使是在争吵的方式上，你都变得更加健康了。让我们来看一下这种螺旋式演进的流程图。

这里是消极螺旋的流程图：

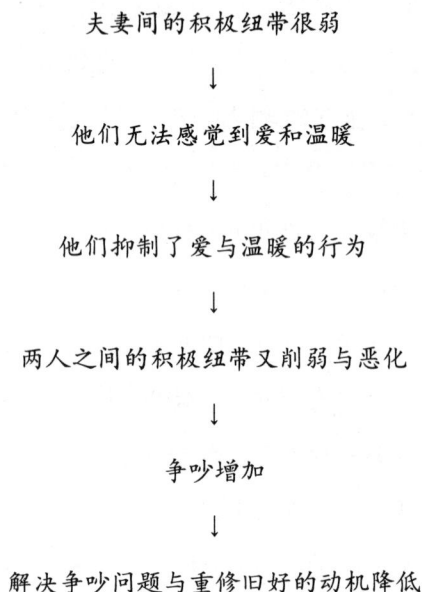

夫妻间的积极纽带很弱

↓

他们无法感觉到爱和温暖

↓

他们抑制了爱与温暖的行为

↓

两人之间的积极纽带又削弱与恶化

↓

争吵增加

↓

解决争吵问题与重修旧好的动机降低

↓

争吵变得更具破坏力

而积极的螺旋流程是这样的:

夫妻间积极地与对方相处,即使心里有些不舒服

↓

双方开始感觉到爱

↓

即使争吵,争吵的情感基调也是积极的;在破坏性行为之后,

积极努力地修复关系

↓

两人的纽带得到增强

若是你长期没有积极交流的习惯,重新建立起来是很难的。或者说,无论你当下对伴侣有多少好感,你都觉得积极交流是件困难的事情。为了有一个好的开始,我们可以先看一些最简单快捷的办法。

小测验:微行动计划

我在这里列出了一个庞大的"微行动"清单,以帮助你增强积极纽带。其中很多点子都要不了 30 秒就能完成,而获得的

收益要远超出投入的时间。你可以从中找出重点想要实施的部分。在阅读的时候可以将自己最感兴趣的标记出来。我会像往常一样给你列出诸多选项，让你从中选出吸引你的。在接下来的几周里，你可以每天选择一个点子来进行这项测验。你不必每一条都照做，但对于这个测验来说，你必须要试着一点点走出你的舒适圈。愿意和伴侣一起走出舒适圈，对于建立情感上的亲近和信任都是非常有效的。而对于那些不太吸引你或是不太符合状况的点子，你可以采取保留原则，适当改善一些具体的建议，以此来更好地适应你的情况和偏好。

注意：这里有些主意听起来有点陈腐！回想起来，我们太容易对那些看似简单的主意不屑一顾了。而复杂、煞费苦心的并不一定就比简单的行为来得更有效。而且正如前面所言，你可以随时调整这些建议，也可以仅仅将它们作为你自己思维的启发。

1. 为你的伴侣取个爱称。你可以挑一个从前没有用过的昵称，或者很久以前用过，但是几乎遗忘掉的"唤醒回忆"昵称。

2. 试着来一场"心灵之旅"。可以试着提及近期你们两人一起共度的美好回忆。比如说，"上周我们一起在车里唱歌的场景，真是太美妙了！"仔细地品味积极情绪是增强幸福感的有效策略，特别是在细细体会那些微弱而又平凡的情绪时。

3. 你可以对伴侣的朋友进行积极评价，但是并不需要过度吹捧。比如你可以这样说："你的朋友 X 会在一段时间没联系的情况下给你打电话，这点真的很不错。"为什么这个小策略很有效呢？因为它表示：

A."我很关心你的生活。"

B."我能理解你与那个人做朋友的感觉。"

C."我不认为你在生活中做的所有决定都是胡扯。"

4. 在你的伴侣遇到让他紧张的事情时，给予对方爱的鼓励。这有助于培养你们的同理心。

5. 跟你的伴侣开个小玩笑，表现出乐在其中的样子。请享受这个过程以及对方的反应。讲述并且理解一个小笑话，其实是件非常有趣的事情，还能为你的大脑来点小挑战，因此也可以让你的思想放松一下。这是个双赢的行为。要是想不出什么笑话，还可以上网搜一下。

6. 对你的伴侣所做的事情表示赞赏。为他的成绩而表示赞赏，对你们两人来说都有好处，因为你可能很少发自内心地对他表示感谢。

7. 为你的伴侣做30秒钟肩部按摩。这一条提示背后的原因，与新生儿需要放在母亲裸露的胸部上是一样的。身体的接触，尤其是肌肤之亲，有利于激活促进关系的催产激素。

8. 在对方自我怀疑的时候，要对他身上的某些特质表示肯定。

9. 告诉你的伴侣，近来你采纳了他的建议而且十分奏效。

这是一种两人互相影响的原则，我会在后面更多地提到。

10. 给你的伴侣一个 6 秒钟的拥抱，这有利于催产激素中血清素的释放（这些都是能让你自然产生亲密感与快乐的化学物质）。

11. 在一天结束的时候跟伴侣汇合时，所说的第一件事就应该是这一天里遇到的顺利的事。比如说，"我和 X 的会谈非常顺利，超出了我的预期"。研究表明，传递积极的信息对于分享者和接受者来说，都会产生积极的体验，同时也会增进两人的关系。

12. 给对方一个充满爱意的眼神和微笑。

13. 跟对方分享一下，他如何表达爱意最令你开心。比如说：

A. "我喜欢你夸我唱歌好听！"

B. "我喜欢你叫我（这里可以填上你们的爱称）。"

C. "我喜欢你紧紧抱住我，给我一个吻。"

（注意：这里并不是让你给对方提要求，或者一种充满暗示的抱怨，而应该真的说一件对方乐意去做的事情。）

14. 在你们眼神交流的时候，可以为对方哼几节歌。可以选一首带有浪漫意味的歌曲，比如《被你爱着是多么甜蜜》[5]（*How Sweet It Is To Be Loved By You.*）

---

5. 美国歌手马文·盖伊（Marvin Gaye）作品。

15. 你可以对两人不久后要一起做的事情提出一些展望。比如说，"我好期待周五晚上一起在沙发上躺着"。这其实是第二点中所提到的"心灵旅行"的变体。第二点中的版本主要是对过去积极回忆的追忆，而这个版本主要是对即将到来的事情的展望。

16. 对你的伴侣与他父母的相似之处进行积极评价。比如说，"我很喜欢你这一点，能看出来这是遗传了你妈妈"或者"我很喜欢你这一点，我能看出来这来自你的原生家庭"。如果提及父母对你的伴侣来说不太合适，也可以换一位对你的伴侣人生产生重要影响的人来替代。

17. 提及一种伴侣积极影响到你的行为，甚至可以简单到伴侣曾经教过你的小小兴趣爱好，或者一些伴侣带给你的思维转变（后面会有更多关于这条策略的内容）。

18. 告诉伴侣一些本不愿启齿的尴尬瞬间。其中的原理是：向伴侣袒露自己感性和脆弱的一面，让对方有机会在情感上靠近你。

19. 增加一些表达积极情绪的非语言信息。比如说，在伴侣做了什么甜蜜可爱的事情时，给他一个灿烂的笑脸作为回应。通过肢体语言来展示自己的情感，可以让你对这份情感的体验更加深刻，因此这条策略对发出者和接收者都有益处。

20. 当你们讨论一个反复出现，总是观点不一致的问题时，试着赞同一个伴侣提出的好主意。你可以选择一个自己通常不愿赞同的主意。比如说，"你让我将要做的事情写下来以免忘记，这真是个好主意！"

21. 对你的伴侣处于顺境的事情表示支持。比如说，"你的博客做得那么好，我真为你的成功感到高兴。你所有的努力都没有白费"。如果你有社交焦虑，这更是一个非常重要的小提示。支持"处于顺境的"人其实也被称作"资本化支持"，这对于社交焦虑的人来说是个弱项。

变量控制：

假如你想让这个微行动测试变得更加自然，你可以将这些建议写在小纸条或者小卡片上，然后放在一个碗里，每天取一条。如果你的伴侣也加入其中，你可以将这个测试设定为"双玩家模式"，每人每天都抽一条出来。在你做完相关行为之后，再告诉对方你抽到的是什么（可以第二天再说出来）。为了方便想要试试这个测试的人，我在资源页面制作了这21条策略的模板，以方便打印出来剪切。如果你需要，可以去资源页面下载。

通过亲密关系长大成人

这个部分的内容，无论是对于亲密关系处于正轨的人，还是积极态度随着时间的推移已经逐渐减弱的人来说，都非常有用。为了在亲密关系中感觉到充实，你应该保持一种前进的态度，这种态度能够通过你的伴侣让你获得成长。这种态度并不是一成不变的，其中总会有所起伏，但我们应该时刻保持其存在。

在亲密关系伊始，通过伴侣关系来获得成长是比较容易的。当我们与一个全新的伴侣在一起，就需要接受全新的兴趣和习惯，而在将伴侣的兴趣、思维以及行为方式融入我们自己的价值体系时，我们"自身"也得到了扩展。这类成长可以表现在以下方面：你的伴侣给你介绍一道美味的菜或者很棒的电视节目，一个新的朋友圈子，一种全新的政治视角，或者一种更加简便、有效的事务处理方式。新的伴侣还可能让我们看到一些自己从前没有发觉的积极品质。比如说，在你新的伴侣帮助你发现之前，你从没意识到自己的幽默感是多么有趣而令人愉悦。这就是亲密关系帮助我们增进自尊的方式。

而当你对伴侣有了充分的了解以后，你成长的感觉就会相应停滞。如果你的亲密关系发展到了瓶颈，你可能需要采取一种深思熟虑的启动措施，以此来唤醒你与对方处于亲密关系之中共同成长的感觉。下面是一些相关的思考。

1. 通过深刻而有意义的自我表述，来增加亲密感。

小测试：

如果你的亲密关系已经长达几年，或许你会觉得自己了解伴侣的所有事。你仍然可以试着发掘一些你之前不知道的对方的想法。为了做到这一点，可以试试阿特·阿伦（Art Aron）教授的 36 个问题。这些问题是由一项关于共同弱点导致爱情产生的研究而提出的。阿特是亲密关系科学的鼻祖之一。他们的研究开始时很低调，而后越来越富有特色。

你可以通过这个链接来获得这些问题：http://www.nytimes.com/interactive/projects/modern-love/36-questions/?ref=redirector）。

其他更简便的方式：

- 当你不了解对方在某个问题上的想法时，可以直接询问他的观点，比如某些政策性的话题。你可以选择一个自己感兴趣的话题，试着让伴侣的观点对自己产生一些影响。

- 可以问你的伴侣一些关于童年的问题，比如"告诉我在你小时候，每逢夏天喜欢做什么"。你可以通过你的问题进行判断。当然，不要挑选一些可能会触发争吵的话题。

2. 将你的不安转化为共同成长的契机

健康的亲密关系，囊括了伴侣双方允许对方对自己的思维和行为进行影响。这代表了一种信任和尊重。在你感到压力的时候，这一切将面临挑战，下面就是你可以做的事。

小测试：

选择一条下面的建议试试。

你的伴侣是不是有某些品质或者行为，虽然激怒了你，但的确有某些方面是你暗自承认的呢？比如你的伴侣非常开朗，似乎从来不会担心什么事情来不及做。假如你以非常紧张的方式去催促他，是不是在某些（不那么刻薄的）时刻、某种程度上，你会承认他这样做会轻松许多。当然，你可以不用在所有方面都采纳他对于时间的懒散态度，以此来承认你看到了其中的积极方面。

你可以在一些令你紧张的领域，至少是有一些令你不安的问题的领域，向伴侣寻求一些建议。比如，你的伴侣老是唠叨着让你整理东西，那你就问问他在归置东西方面的建议。你可以选择一些，你认为伴侣听到以后会又惊又喜的问题。这条建议和上条一样，也适用于那些其他让你感觉紧张的关系中，比如姻亲相处。

你可以主动讨论一些伴侣原本想跟你谈谈，但你一直避而不谈或者击退他们的对话。比如说，你的伴侣一直在催促你再要一个孩子，你就可以说："你说得对，我们的确可以谈谈这件事情。要不我们今晚散步的时候讨论一下如何？"你们并不一定要当即达成共识，但至少让你伴侣感觉你在听他的意见，这种谈话可以让你们的关系更近，你们也更有可能通过努力达成最后的共识。

……

换位思考——最佳关系的"万能法宝"

我并不会花太多时间在减少争执上面，但我还是要提一个颇有奇效的方法，适用于化解紧张的亲密关系。换位思考是一种极其有效（而且非常简单）的亲密关系技能，适用范围也是异常的广泛。我们总以为自己已经足够体谅对方，可事实上，在很多细节上我们并没有做到。这在一定程度上可以称作"错误共识效应"，就是说我们会假定别人与自己看待事物的方式相同。（事实上，长期相处的伴侣，或许更难做到真正意义上的换位思考和同理心。）

而换位思考可以帮助你更容易将对方的情绪反应视为合理的，而非无理取闹。同时也可以让你更容易发现，自己在某种情况下的观点也是有所偏颇。比如说，你通过主观的权利或者其他的偏见来看待伴侣的想法——"我的伴侣就应该吃完饭把碗洗了，因为我觉得她这么做才对。"

在你感觉亲密关系有摩擦的时候，都可以做一个简单的换位思考。比如说，因为伴侣的回避行为，你感觉非常气恼，于是你每天都对他唠唠叨叨。可是你并没有想过，你指责完他以后，对方又有什么感受。又或者，你对伴侣对待他父母的方式很不满意。他们总是有借口：不告诉父母自己做出的决定，是因为他们的父母往往对他们的人生选择产生过激的消极反应。或许你根本很难体会，当伴侣告诉自己的父母一些事情，十有八九都会遭到拒绝的感受。

而当你比较细致地站在对方角度想问题的时候，你可以自然而然想出一些更有效的方式来规劝他们，也可能对他们的行为产生更多的接受和理解。

小测试：

你可以选择一个因为伴侣的行为而感觉到泄气、失望或者恼怒的问题。试着通过三个步骤来换位思考。首先描述一下自己对这个情况的观点。接着，从伴侣的角度来描述状况。最后，试着用中立者的态度来描述这个问题。你最好写下简短的三段话，而不是仅仅在脑子里面空想。

下面是一些对于换位思考的额外建议：

- 检查一下你换位思考的准确性，往往是很有用的。你可以和伴侣说——"我是基于你的观点对这件事情的分析……我的思路对吗？我有漏掉什么吗？"

- 有的人发现，视觉上的距离能够帮助自己获得更多的心理距离，从而更简单地实现换位思考。为了做到这件事，你可以想象自己在房间的左上角，俯瞰着困扰你的那件事（就像在安全摄像头安装的地方一样）。

- 你也可以通过换位思考来检验你自己的行为。你可以问问自己："我也会通过这种方式对待其他人吗？"比如说，你下班或者出差回来，进了家门却不和伴侣打招呼，但是你不一定会这样对待其他人。

- 换位思考可以迅速地分解掉亲密关系中的紧张和沮丧，即使这类情绪一时间涌上心头，让你气急败坏。你也可以通过观察自己的情绪（比如说恼怒和沮丧等等），将其作为换位思考的线索。

本章所介绍的这些提示，适用于所有的夫妇。而下一章中，我们要来看看个人的依恋模式，是如何影响亲密关系的模式、强度的，也会探讨如何应对这些问题。

未完待续

你可以试着回答下面的问题，以此来检验自己对本章内容了解的深入程度，如果你能够比较轻易地回答这些问题，就可以准备开始下一章节了。

- 这一章强调了你们亲密关系中的哪些优点？列出三个本章提到的，并且你和你的伴侣已经习惯性履行的、积极的、有利于增进亲密关系的行为。
- 本章是否提到了一些你先前没有意识到，但现在觉得非常重要的亲密关系优势？比如说，你常常会问对方的意见，但你之前并没有意识到这是你们亲密关系中的优点。
- 你最需要改进的领域在什么地方？你的伴侣呢？

第十章

了解自己与爱人的依恋风格

跟你爱的人像做生意一样讨价还价可不是件明智的事情。亲密关系中最重要的就是情感上的信任。而这种信任是会被"计分法"所磨灭的，也就是说，当两个人竭力去理论"你要是做 X 事，那我就去做 Y 事"，然后还要记录下这次交易是谁占了便宜。实际上，并不存在一种增进情感信任的万全之策。为了产生针对性的效果，你需要了解自己和伴侣的依恋风格。而依恋风格就是我们本章的重点。

　　心理治疗者将人们的依恋风格分为安全型以及几种非安全型。非安全性依恋风格的人并不在少数，大约占总人口的50%，也就是说，一对伴侣很有可能一方或双方都是非安全型人群。当你理解依恋风格是如何工作后，你就会知道如何解密自己和对方的行为，同时也知道如何越过亲密与信任之间的障碍了。

　　这一章同样也是关注恋爱关系。有很多人的依恋风格相同，但是亲密关系的类型却不尽相同。而下一个章节我们将揭示，依恋风格在友情与工作关系中是如何展现出来的。

> **重点：**
>
> 虽然属于非安全型的依恋风格听上去是有点消极，但事实上也并不一定如此。安全型依恋风格的人，一般来说的确要在亲密关系中少吃苦头。然而，正如悲观和乐观主义者都各有利弊（内向和外向的人也是如此），非安全型依恋风格的人，也有其长处。我们将会对每种依恋风格的长处和弱点展开讨论。

在你试图了解自己或他人的依恋风格时，一定要注意别掉进性别刻板印象中。你可能会通过以前观念中的黏人女性和冷淡男性形象，来了解自己的伴侣。而对于男性和女性来说，最常见的依恋风格都是安全型。相应地，也存在很多焦虑型的男人和回避型的女人。

依恋风格概观

了解自己的依恋风格，如果可以的话，也了解伴侣的

通过阅读下面的材料，了解你的依恋风格。正如任何与人格相关的东西一样，每个人都有自己主要的依恋风格，但是不一定百分之百地契合。你可以鉴别出自己的主要依恋风格，以及某些属于其他风格的方面。同时，你也可以做一下研究者克里斯·弗雷利研制的依恋风格测验。

长期以来的研究发现，个体自幼年到成人阶段，其依恋风格往往随着年龄增长也是稳定的（不过亲密关系会产生影响）。孩子接受的教养风格以及孩子自己的秉性，会影响孩子依恋风格的发展方式，这种发展往往和父母天性与孩子天性的"契合程度"相似。

　　虽然非安全型依恋风格颇有其共性，但是也不能简单认为，只有糟糕的父母才会带出非安全型依恋风格的孩子。即使是同一对父母，也可能带出不同依恋风格的孩子。孩子们的情感需求和他们接受的教养方式只要有细微的错位，就可能会随着时间而逐渐扩大，再加之孩子秉性的影响，就可能产生非安全型的依恋风格。

　　虽然说人们的依恋风格在毕生之中有一定程度的稳定性，但其并不是一成不变的。而一旦依恋方式产生变化，那么往往可以预见这与个体的生活事件有关（详见本章的后续内容）。

注意：

　　一贯用于描述这三种依恋风格的名称分别为：安全型、焦虑型与回避型。然而，属于焦虑型和回避型依恋风格的人，其外在表现并不一定也是焦虑或回避的。虽然两者有重叠之处，但并不是1：1契合。比如一个有焦虑障碍的人，他的依恋风格也很可能是回避型的。在本章中，我们所提到的"焦虑型"和"回避型"都特指依恋风格，而非人们的一般倾向。我所用的是前人研究所用的概念，这可能会容易混淆，我先行表示歉意。

安全型依恋人群

属于安全型依恋风格的人，往往在成长过程中，其父母会准确而积极地回应他们的情感需求。他们往往会乐观地审视自己与他人。他们往往比较相信别人，不会长时间地想着分手甚至被抛弃。他们乐于回应他人，也希望他人积极回应自己。因为他们在亲密关系中安全感很强，因此不会轻易受到伴侣的朋友圈、姻亲的干涉，或者伴侣将时间消耗在兴趣爱好上诸如此类事物的威胁。

安全型依恋人群，往往会比较善于注意到伴侣的情感反馈，也就是说他们会准确地解读伴侣的情绪，同时采取有效的回应。他们往往也能忍受一些非安全的行为（比如伴侣太过黏人或太过冷淡），而不会对这些行为产生恐惧。

若说安全型依恋风格的人有什么弱点，那就是他们没办法充分理解安全感缺失的感受，因此他们无法完全体会到为什么非安全性的人很难"退一步海阔天空"，或者表现得多一点安全感。

焦虑型依恋人群

这种对于带有焦虑型依恋风格人群的描述，听起来比较极端。你要是属于这种风格的人群，或许不一定带有所有这类特征，并且大多数相关特征也是在感觉非常不安全的时候才会产生。

如果你发现自己或者伴侣符合下面的描述，你也不必慌张或者如临大敌。这里提到的所有自我厌弃模式，都可以采用非常直观的技巧和策略来有效避免，在本章的结尾可以看到。事实上，我本人就属于焦虑型依恋风格，但是自从我按照自己在本书中提到的贴士来做以后，我发现焦虑型依恋风格也没给我惹来什么大麻烦。

很多焦虑型依恋风格的人，往往成长于这样的家庭：当他们提出有关情绪需求的信息（可能是比较微妙的信息），可能会对家里的其他人带来压力。他们的父母时不时会做出回应，还有可能做出误读。焦虑型依恋风格的孩子，即使父母短暂离开，让自己和陌生人待在一起，他们就会感觉非常有压力，而父母回来以后他们会表现得非常生气。在相同的场景中，安全型依恋风格的孩子，在父母回来以后就很容易被安抚下来。而到了成年阶段，焦虑型依恋风格的人群，要么会将自己的伴侣理想化，要么会对他们吹毛求疵。他们在感到不安全的时候，会很容易变得又黏人又苛刻。他们会陷入自我证实预言之中，他们越是担心自己的情感需求会压制到对方，就越是觉得不安全，而他们的行为就更加苛刻。他们越是紧张，他们的伴侣就越是容易走向极端，事实上，在发现他们的行为徒增压力以后，要么会逃避，要么会直接离去。

而焦虑型依恋风格人群的长处在于，他们总是非常有爱，希望感情亲近，对于伴侣总是充满思念，即使对方不在的时候，也会将其装在脑海。还有一个可以形容焦虑型依恋风格的词语，就是"全神贯注"。焦虑型依恋风格的人总是对伴侣全情投入。他们对于爱与伤害的感觉都更强烈。

虽然焦虑型依恋风格的人群对爱情很忠贞，但是他们很容易陷入爱的感觉，而忽视自己对特定伴侣的真实感觉。他们会对自己的紧张感觉过度关注，顾影自怜，而忽视对方的情绪与反应。这就导致了他们情绪的不稳定。在他们感到充满爱意的时候，会表现得多情而忠贞，而有的时候又会忽略自己的伴侣，或是表现得死气沉沉，他们会在这两种状态中切换。若是有人将他们推开，他们就会穷追不舍。若是有人对他们动情，他们可能又会莫名其妙地撤退。而他们感觉情感中缺少激情起伏、没有恋情可以追逐时，又会感到百无聊赖。

焦虑型依恋风格的自我厌弃行为与思维模式

这里有一个与焦虑型依恋风格有关的自我厌弃模式小贴士。

焦虑型依恋风格的人常常会：

•在自己焦虑的时候，就会向伴侣挑起事端，而不会利用亲密关系来安抚自己。

•在分离之时会愤怒相向，比如说出差之前或离别重聚以后，会对伴侣无端发火。

• 将触及对方情绪的红线，作为获取回应的方式，特别是感觉到伴侣正在回避自己的时候。他们会为了测试伴侣的忠心或者承诺，而表现得十分黏人和苛刻。总之，来自伴侣的任何情感投入，都要胜过毫无反应。

• 他们总认为自己在感情中付出大于回报，而源于他们情感倾向的感觉会非常强烈。他们会觉得自己的伴侣又自私又自我为中心，因为自己的期望实在太高。如果他们的情感强度一直没有回落，就很容易感到十分失望，长久地感觉到自己的亲密关系达不到自己的期望。他们会一开始对自己的伴侣抱有完美幻想，最终感觉到幻灭。

• 将亲密关系孤立开来。这种孤立会让焦虑型依恋风格的人感觉自己没那么不堪一击。比如说他们会将某些问题与特定的朋友（或者自己的父母）探讨，而独独不与伴侣分享。这种方法避免了将感情放在一个篮子里，减轻他们对于亲密关系的不安全感与受威胁感。

• 当某些争论平息而成为中立的话题时，他们还会重新挑起话端，而非将此作为双方冷静的契机。

回避型依恋人群

那些成长为回避性依恋风格的人群，往往会像个孩子一样执迷于顾及自己的情感需求。他们会花很多时间自娱自乐，而他们的父母或许（必须或自发地）忙于工作。他们往往经历过拒绝照料或受到藐视。比如说，一位曾遭受家人拒绝或者虐待的少数群体成员，就会对周围的成人不再信任、有所防备。大约有 25% 的人属于回避型依恋风格，因此他们也不是完全在童年中遭遇过拒绝照料的极端人群，再次重申一遍，孩子的秉性也会影响他们后续的依恋风格走向。

回避型依恋风格的人，其强项在于他们倾向于自力更生，无须过多维持关系。表面上来看，回避型依恋风格的人似乎很善于忍受分离。但事实上，他们可能只是没有意识到分离对他们的影响。比如说，在对于婴幼儿的研究上，当母亲离开房间时，那些回避型依恋风格的孩子并没有表现出过多的外部反应。但是通过对孩子心跳的测量显示，他们对于与母亲分离这件事情，有生理上的压力反应。

回避型依恋风格的人有足够的信心，认为其他人会安抚他们，或者帮助他们处理自己的情绪。回避型依恋风格人群，在感觉到压力或者在亲密关系中争吵以后需要冷静的时候，他们的一贯做法就是采取逃避行为。当伴侣表现出过分需求或是焦虑的时候，回避型人群会如坐针毡。他们根本不能忍受对方的这种行为。比方说，他们会对对方的需求和焦虑表示冷漠或嘲讽，因为他们感觉自己受到了侵扰。如果亲密关系中两个人都属于回避型，那他们看上去可能更像是夜间巡航的船只，而不是紧密相连的团队。由于两人都不会本能地"追逐对方"，或是在解决问题的时候保持情感上的合作，因而双方都是回避型依恋风格的人，其亲密关系面临更大的失败风险。

回避型依恋风格的人很容易说出"没有你，地球照样转"这类的话，还会很不合时宜地将现任和前任进行对比，根本没能意识到这类评论是多么刻薄而令人受伤。他们对于亲密关系保持着一种临床／实用主义观点，比如认为亲密关系就是获取有规律的性生活，或是稳定食宿的方便法门。

有时候研究者又会将回避型依恋风格拆分为两种类型，就是我们所知的"恐惧型回避"和"藐视型回避"。恐惧型回避风格的人，会因为对自己评价过低而回避约会。他们往往会怀疑自己并不可能找到长久的真爱。当新的亲密关系中出现亲密接触或者承诺的时候，他们的一贯做法是对伴侣的小瑕疵过分苛责，以此来逃离亲密关系，并非为了更加长程的关系而好好地处理与日俱增的感情纠葛。

而那些属于藐视型回避的人，会对自己的评价过高。他们会有一系列的恋爱经历，一旦伴侣试着索要承诺，他们就会对现行的关系百般挑剔。藐视型回避风格的人，往往缺乏温暖并且热衷于在短暂的分离之后与对方复合。比如说，我想起来有一次看到妈妈和孩子一起在机场接爸爸。那位爸爸对家人视若无睹，自己拖着箱子走在前面，而家人都落在后面，孩子想要一个拥抱与见面吻，他却压根没看孩子的脸。

藐视型回避风格的人往往自信而有魅力。他们在情感上的回应、关爱和照料往往是若即若离的，很难长久。若是你爱上了藐视型依恋风格的人，你的投入会比那些给你稳定回应的人要多。比如说，你会非常欣赏他们天马行空的思维、他们的冒险精神，或者他们对商业的敏锐视角。假使你们的关系进展顺利，你可能会以为那些若即若离的情感回应就来自他们"自己"。而当亲密关系进展不那么顺利，你就会以为他们的冷酷与麻木才是真实的一面。但事实上，这两种极端的表现，都是他们性格的组成部分。

很多巧妙的研究都表明，回避型依恋风格的人也是想要与他人产生亲密纽带的，只是他们自己常常没有意识到而已。比方说，和其他人一样（在前人的研究过程中得出），他们在自己的观点得到别人接受时，也会体验到积极的情绪和更强的自尊，在后续的人际交流上也会更加成功。

回避型依恋风格的自我厌弃行为与思维模式

这是一则快速参阅指南，与回避型依恋风格有关的自我厌弃模式有关。

• 焦虑性依恋风格的人会为了引起伴侣的注意而触及对方的红线，而与之相反，回避型依恋风格的人则会将触及对方的底线作为推开对方、获取一定的情感距离的方法。

• 回避型依恋风格的人在经历压力的时候，会倾向于情感上的撤退，而不是将亲密关系作为安抚自己的资源。

• 回避型依恋风格的人可能会让自己的伴侣感觉到被遗弃，却并不能意识到伴侣因此受到了伤害。比如说，他们进门回家会和孩子打招呼，却不问候另一半。

• 他们会让自己的某一部分与伴侣隔绝，试着自己处理情绪，而非允许伴侣完整进入他们的情感世界。这就会因为没法与伴侣充分沟通想法与情感，而导致双方产生误解。

• 当他们想自己待着，而伴侣需要寻求关注的时候，回避型依恋人群就会表现得恼怒而蔑视对方。

• 回避型依恋人群避免让他人进入自己的感情世界，这就会创造一种自我证实预言：误以为人们与他们料想的一样，无法成为自己的有效情感资源。

在一方或双方属于非安全型依恋风格时，如何创造并维持健康的依恋纽带以及情绪信任

我曾听到心理学同行轻率地说过，如果你想在亲密关系中过得尽可能轻松，就应该寻找安全型依恋风格的伴侣（或朋友）。虽然这在一定程度上是对的，但生活显然不是这样轻率。如果你爱着身边的人，你就会学着去欣赏他们相应的依恋风格，并且体察到他们的长项。每个人都有自己的成长轨迹和故事，也同样有

各自感情上的亲密偏好。如果非安全型亲密关系的人在某段关系中感觉到很安稳，那他们潜在的不安全感也会变得不易显露。同样地，当非安全型人群在亲密关系中获得了相应的情感信任，那他们惯常的依恋风格，也会逐渐随着时间变得更加安全。

养成一些好习惯，让回避型人群不再感觉受侵犯，焦虑型人群不再感到没归属

在亲密关系心理学中，有一个概念叫作"神奇 5 小时"。基于这个理论，你只需要每周花上 5 小时，就能将你的亲密关系保持在正轨上。这段时间需要囊括：要记得和对方问候与道别（例如出门上班或者下班回家时），每天进行 20 分钟的减压对话，每天表达爱意或者欣赏与赞美，每周花上两小时进行独处（比如一场夜晚约会）。

这个定律的美妙之处就在于，它能帮助不同类型的人满足自己的依恋需求。如果你养成每天 10~20 分钟减压谈话的习惯，这会帮助一个回避型的伴侣减少受侵犯的感觉，同样可以帮助焦虑型伴侣减少被忽略的感觉。同样地，让你日常表现出爱意和欣赏（即使是在非常细微之处），即使是最焦虑的伴侣，也会获得大量的信息，告诉他自己的亲密关系是多么安全。

有效管理自己的焦虑

焦虑型依恋风格的人，需要在自己处于焦虑的情况下，依

然控制自己不要挑起事端，比方工作上受挫的时候。你之所以会挑起争端，是因为压力与挫败感会带来额外的压抑，从而构造起不那么和谐的家庭氛围（可能会导致你的孩子开始效仿），致使你的伴侣不再愿意给予你支持。两人应该彼此信任，与此同时，如果可能的话，你也应该允许伴侣在发现你开始因为压力过大而挑起事端的时候，及时提醒你。你的伴侣可以对你说"由于你在今天的工作中感觉很失望，所以才说话攻击我"，并且试图在情况属实，至少部分属实的时候，让你意识到这一点。

假如你是回避型依恋风格，想要独自处理自己的情绪，你也可以先找到一种沟通的方式，避免你的伴侣感觉遭到拒绝或者排斥。有一些证据表明，尤其在经历了创伤之后，人们更容易本能地独自处置自己的思维和感觉，不愿将其分享出来，这也是情有可原的。而对此的偏爱也不算什么问题，真正的问题仅仅在于，这就意味着你不会与伴侣就你正在做的事情进行交流。

你或许可以对伴侣说："我想去跑跑步，顺便思考一下如何处理……（比如一些工作上的事情）。等我忙完这件事，我们就一起看电视剧，如何？"这些话里面应该包含着这样的意思：一旦你度过重要的独处时光后，你还是愿意两人待在一起的。也就是说，你可以不用假设所有事情都没必要说出来。即使你并不愿意说出自己的想法和感受，而期望其他类型的情感安抚，也可以明确地跟伴侣说出自己的需要，比如说："今天过得太糟了，我不太想谈这些事，但我需要一个大大的拥抱。"

如果你需要在工作之后，获得一些独处的时间，你也应该在独处之前，至少与家人做一点简短的交流。比如说，在你去花园独自踱步之前，花上15分钟和家人待在一起。他们非常爱你，要是一整天见不到你，总会想要和你取得联系。你尽可以想出一个可以满足双方需求的想法。

与伴侣分享积极的思维和情绪，让对方踏入你的情感世界

　　如果你是那种不愿意"挑明"自己的压力的人，就要特别注意与他人分享自己的积极经历，以此来维系你们之间的情感联络。你可以告诉伴侣，自己心中所期待的目标。如果你的工作事务缠身，也可以和伴侣分享自己在外面的收获，并表示你很想要回家和家人待在一起。

　　额外提示：如果你非得在一段时间的分别之后要跟伴侣说点糟糕的事情，也应该试着尽量表现得悲伤或者失望，即使这样，也比表现出愤怒和挫败要容易令人接受一些。比方说，你出门买东西，因东西售罄而感到恼火，回家后你也可以开口说"哎，都卖完了，真让人失望"，这也比气急败坏或者一蹶不振要好一些。为什么要这样做呢？因为表现出更加柔和的情绪（就是人们在表达的时候不会咬牙切齿），可以激发其他人的爱抚和依恋感，而表现出类似发火或者挫败这样的"攻击性情绪"，就不容易激发对方的安慰性反馈。注意，若你过分地表现出消极一面（比如长时间表现出自己的悲伤、焦虑、孤独和

失望），那么相比于支持，你的伴侣更容易选择以怒气来反馈。

了解亲密关系中，依恋恐惧是如何产生的

斯坦·塔特金（Stan Tatkin）在他的著作《爱情连线》（*Wired for Love*）中指出了非安全性依恋风格的人典型的核心恐惧表现。回避型依恋风格的人往往恐惧的是：感觉受到侵扰、感觉受限或失控、太过亲密以及遭到责怪。相对地，焦虑型依恋风格的人就会害怕遭到抛弃、分离、过久独处，以及自己的情绪令他人感到烦冗和压力。假如你属于焦虑型或回避型依恋风格，那么其中一到两种恐惧，应该会非常符合你的情况。

对付这些恐惧感，有一种很有用的方法，就是告诉自己没人愿意产生这种感觉（比方说没人愿意被谴责、受限制或者被打扰）。无论什么样的依恋风格，这些情绪体验所带来的不适感，对每个人都是一样的。然而，非安全型依恋风格的人，触发这种恐惧的门槛更低，因此产生的紧张感反应也更强。

假使你们一方或双方属于非安全型依恋风格，你就应该了解亲密关系中的恐惧是如何产生的。比方说，你的伴侣属于回避型依恋风格，那你就应该留意他产生受责备感时的反应，即使是在你没有责备他的时候，或者你因为一桩在自己看来鸡毛蒜皮的小事而稍微说他两句的时候，也应该如此。假如有人在一件小事过后，还花上一个半小时来辩解自己不该受到责备，那他就无疑是回避型依恋风格！

这里还有一个关于焦虑型依恋风格的例子。焦虑型依恋风格的人，往往需要一再确认自己的伴侣真心实意想和他们待在一起。你可以试着跟焦虑型的伴侣说这样的话："我好喜欢紧张的一天过后，回家和你待在一起。"或者相应地："我无论顺境和逆境都希望与你共度，让我们一同面对一切！"当伴侣将两人的关系看成紧密的团体时，比如表示"这种情况真的很艰难，但我们是一体的，将要一同去面对它"，焦虑型依恋风格的人就会感到深深的快慰。

一旦伴侣中有一方是非安全型依恋风格，那双方都应该密切注意亲密关系中依恋恐惧的产生，而非一味地责备和羞辱。比如说，当回避型的一方表现出受限感，或者焦虑型的一方在离别之前无端挑事儿，双方都应该密切地进行关注。在你进行关注的时候，也要寻找到一种告知对方的办法，并且这种办法不会导致对方退却。一开始，这好比穿针一样麻烦，一旦这成为双方沟通时再正常不过的一个部分，就会变得简单很多。

找到小小改变，结局大不一样

说到对于依恋恐惧的抚慰（或者在第一时间将其消灭于萌芽），或许都只需要双方做出一点小小的努力，就能改善很多。比如说，问一句"关于这件事，我们是不是该找个时间谈谈？"而不是直接粗暴地奔向主题，这样就足够让回避性依恋风格的人减少被追问的感觉了。

假如你已经非常清楚自己的爱与安全感从何而来，这时候就可以保证紧张不安的情绪得以抑制，避免伴侣中任何一方感到压力。比方说，你属于焦虑型依恋风格，非常在意自己的伴侣会对你表达的情绪和感受而感觉厌倦，那你可以调整一下表达情感需求的方式，说"我在因为个人事务感到焦虑的时候，希望能花 5~10 分钟和你聊聊"，以此来避免自己无休止地要求下去。相信相比于 60 分钟的马拉松式长谈，5~10 分钟的简短谈话会让双方都感觉更好些。过于冗长的对话，会潜在地让焦虑型人群花上更多时间在伤口上撒盐，陷入恶性循环，而聆听者最后也会徒增疲惫与愠怒。

让自己成为推进伴侣积极情绪的首席专家

假如你属于非安全型依恋风格，一味关注自己的情绪，可能会阻碍你对伴侣的关注，比如注意到他们积极情绪的触发原因。为了改善这样的情况，你需要关注伴侣在不同类型的愉悦心境之下产生的面部与身体变化，比如自豪、愉悦、惊喜或是放松。如果你擅长引发对方的积极情绪，那你还可以试着触发一些容易受到忽视的情绪。假如你并不愿意安抚他人的焦虑，你也可以先通过引发他们的快乐情绪来获取自信。

在友谊与家庭关系中，维持适宜的边界

对于非安全型依恋风格的人来说，改善关系的边界可以促进安全感的产生。

- 假如自己的伴侣和其他人有特定的亲近，而自己与伴侣恰好缺乏这一类联系，那么焦虑型依恋风格的人就会倍感威胁。比方说，伴侣在外和朋友可以尽情疯玩，但在家里就时刻保持严肃。这时候，你的伴侣就需要在你这里，获取积极情绪的全面通行证，你要相信他也值得拥有这张通行证。别再将自己有趣的一面仅仅留给朋友，而把亲密关系仅仅局限于养育孩子和维持生计这类领域之中。

- 你不该只把某些事情告诉朋友和家人，而选择不告诉伴侣。你的想法应该第一个告诉伴侣。假如你想要和其他人探讨重要的计划或者决策（比方你想让父母帮你参考一个决定），也应该事先告知伴侣，你要去做这件事情了，而不是让他们毫无防备地无意听到你们的对话。（多数情况下）一个孩子最紧密的纽带应该是父母。而假如你是个处于已婚或类似已婚状态的成年人，你最紧密的纽带就该转移到自己的伴侣身上。在那些诸如居住何处、孩子的教养方式、是否要换工作以及如何装修房子这类重大决定上，就不应该让父母来过多干涉了。

- 如果你的一些朋友和家人不喜欢你的伴侣，你的伴侣可能需要你来保证，这些人所持有的任何观点，都不会影响你们关系的安全性。

- 要意识到外部的爱好或工作约定是否太过吸引你，以至于自己腾不出时间给对方了。
- 如果你生活太忙碌，那就要把家庭与伴侣的时间区分开来。因为你很容易产生自己为家庭奉献了很多时间和精力的错觉，而事实上这些时间主要用在教导孩子上面。

解读伴侣的"求关注"

你应该熟悉那些自己忽略伴侣关注需求的情况。你可以通过制订"如果……那就……"计划，来帮助自己变得更敏感些。比方说，你清楚自己可能会在伴侣提出有关收入或者花销的情况下，将其忽视掉。你的计划可以这样制订：如果当时我没有足够的心理空间来直接开始对话，那我可以直接提出来，但是必须要将这件事情纳入计划，并且承诺自己会有所行动。

假如你意识到伴侣正在寻求关注，而自己将他忽视了，那你应该跟他道歉。比如说："我知道你当时示意我自己很累，想要先离开聚会。而我当时没有回应，是因为我想留在那里。我很抱歉没有回应你，没有顾及你需要早点上床休息，第二天还要工作。"如果你在亲密关系中表现出令人难以接受的行为，或是不做反应，那么真诚的道歉环节将增进你们的互相信任，也营造出更加安全的亲密关系（不过你可不要过度使用"道歉卡"）。

如何打发分离的时间

做父母的都知道，与孩子经历一场短暂的分别，会令自己对他们的爱意有增无减。而成人的依恋也是同样道理。假使你是焦虑型依恋风格，也应该意识到，简短的分离期会让伴侣感到更加爱你。正如前面所提及的那样，焦虑型依恋风格的你，恐怕需要注意自己在分别前后，或者面对短暂分别的计划，是不是有挑起事端的倾向（比如你的伴侣跟你商量，想自己和朋友出去过个周末）。

试着留意你产生唠叨、挑剔和抱怨等冲动的时机，因为你可能正在为即将到来或者计划中的分离而感到焦虑。考虑一下大局，你可能就不会信口说出不该说的话了。如果你发现自己很容易因为即将来临甚至是刚刚提及的分离而发火，久而久之你会辨别出"哦，这只是我的依恋风格在作祟"。如果你的伴侣属于焦虑型依恋风格，你要理解他在分离前后所表现出的生气或激惹，是他的依恋风格使然。你就应该多表示一些安抚，让他知道你很想见到对方。

假如你属于回避型依恋风格，或许你就需要采取一些措施，减少分离在无意识中对你产生的影响。比方说，假如你刚结束一段为期数天的出差，那你就需要做出一点转变，保证你在回家以后不会感觉受到叨扰。如果你坐了很长时间的航班，在见到你前来接机的伴侣之前，也许你应该在飞机休息厅里减压30分钟。只有找到适宜的方式，你才能在与家人重聚的时候，表现出与家人身心合一的存在感。你对于受到责备的恐惧，可能也是因为分离而产生的。你应该学会辨别伴侣是在责备你，还是因为分别（比如你要出公差之前）而表现伤心和焦虑。

了解不同依恋风格所倾向的支持方式

你应该忘掉自己的刻板印象，比如女性在压抑的时候更想获得倾听和情感支持，而男性则偏爱得到实质的、问题解决类的帮助。事实上相比于性别上的差异，不同依恋风格的人对于社会支持的偏好更加大相径庭。通常来说，安全型和焦虑型依恋风格的人，更倾向于接受情感上的支持而非实际行动帮助（问题解决）。依据最新的研究，回避型人格的支持偏好比较独特，也更为复杂。

对回避型依恋风格的人来说，他们对于行动上的支持（比如解决问题的建议）往往会反响更好一些。然而事实上，他们的偏好还会更为微妙一些。一项精心设计的研究表明，回避型依恋风格的人对他们伴侣的轻微或中等强度的支持，不容易产生很好的反应。在研究中，他们对于轻微或中等强度的支持，其反应往往为：压抑感增加，感觉伴侣试图控制、挑剔和疏远自己，感到自我控制水平降低。但是，当伴侣提供强有力的行动支持时，却出现了截然不同的状况。那些属于高度回避型的人们，感觉到压抑减少、自我控制增强，甚至感觉伴侣变得没那么有控制性，没那么挑剔和疏远了。需要注意的是，这里所说的轻微和中度支持，与高度支持的区别仅仅在于支持的强度，而并未特定行为的不同，其超越了一般的"行为—情感"的二元分法。高强度的支持指的是在训练编码器划分的1~7个等级中，至少属于6级。

为什么上述情况会出现在回避型依恋风格的人身上呢？因为对中低水平支持的接受，其含义是模棱两可的。在中低水平上，回避型依恋风格的人不仅得不到充分的抚慰，还会激起依恋恐惧。而对于高强度的支持，他们心底的依恋恐惧已经得以克服，因此他们就可以通过接受支持来获得裨益。所以给你一条最实用的建议：假如你的伴侣属于回避型依恋风格，你可以放心大胆地提供帮助，不过要保证自己的支持是焦聚于问题解决之上，而非情感之上。

了解影响伴侣的最佳方法

假如你希望回避型依恋风格的人能够产生一些自我改变，那就应该要强调他们的自主性、确认他们的观点，并且承认他们具有建设性的努力以及良好的品质。为了不让他们感觉到受侵犯，你需要采用一点儿策略，这也就是为什么强调他们的自主性非常重要了。

假如你想改变一个回避型的伴侣，你要试着强调自己对亲密关系的忠诚度，以及你们关系的稳定性。比如这样说："我们一起做 X 事真的很有默契，所以我相信我们可以一起把 Y 事也搞定！"

了解依恋风格对另一半的影响

为了全面了解我们在恋爱关系中的依恋风格，让我们来看看每个人的风格对伴侣的影响。长期处于让你感觉到安全的关系中，你也会变得更有安全感，即使你自己的依恋风格并没有完全产生改变。假如你是焦虑型依恋风格，那么相比于与回避型伴侣生活在一起，会让你的亲密关系变得更加焦虑。再比如说，要是你的伴侣属于焦虑型依恋风格，他的焦虑或许会导致你的回避。如果焦虑型人群与回避型伴侣在一起，随着时间的推移，他们自己也会变得更容易回避，他们会进入一种抗议—绝望—分离的恶性循环。如果人们表现出了依恋焦虑，而依恋对象（可能是父母，也可能是伴侣）也没有及时安抚，可能最终就会"放弃"并且变得更加回避。

你和伴侣都应该试着找出一方在另一方身上导致不安全感的情况，并且通过本书中的策略来扭转局面。

从积极方面来说，在你试着解决我们所探讨问题时，也要注意具体怎么做，才能在亲密关系中打造依恋的安全感。使用本章中提到的策略，可以提升你对各种情景和行为的忍受能力，以此来避免触发依恋中的不安全感。打个比方，当你的伴侣感觉到安全感倍增时，就不容易嫉妒你与其他人的友情了。

未完待续

在移步下一章之前，试着回答这些问题：

- 你的主要依恋风格是什么？你有没有某些涉及其他依恋风格的品质？

- 如果你现在有伴侣，他属于什么依恋风格？回望你过去的情史，你认为前任又是什么样的依恋风格？

- 无论你是什么依恋风格，有什么策略对你来说可以有效地建立健康的依恋关系呢？而你现在的进步空间又在哪里呢？

第十一章
学会正确处理人际关系

现在你了解了依恋风格的基本概念，我们就来看看两种非安全型的依恋风格是如何作用于友谊和工作关系（比如同事、团队）的。这个章节比较简短，因为其是建立在上一个章节的基础上。

相比数以千计的恋爱关系研究，对于友谊与工作中的亲密关系研究就要少得多。因此，这一章的很多内容并非来自友情或工作场所的特定研究，而是来自夫妻与亲子关系研究。

有关友情和依恋关系的研究

许多关于友情中的亲密关系的研究，都聚焦于青少年间的友谊。这些研究中的大多数，都是关于安全型与非安全型的差异的，而非专门针对非安全型人群。而这些是我们从友情研究中获得的启示：安全型依恋风格的人，通常会更容易产生积极的友谊期待和体验。安全型的人群，会更加积极地采用亲社会的策略来维持友情，他们会进行更多的自我表露，也不容易在友情中产生冲突。有证据表明，情感上的友谊冲突，对焦虑型依恋风格的人来说，尤其容易产生反面影响，甚至在未来的压力将与日俱增。最后，那些回避型依恋风格的人对待朋友时，倾向于表现出贫乏的交流技能和问题解决能力。

有关工作与依恋风格的研究

从关于工作的研究之中，我们了解到以下的结论：焦虑型依恋风格的人，显然对工作绩效与工作中的人际关系最为焦虑。回避性依恋风格的人更容易过度工作。安全型依恋风格的人，对于自己在团队中的影响力更加自信，也更容易被他人视为领导。他们也会在工作中表现出更多的活力和"组织公民行为"。相比非安全型依恋风格的人，安全型依恋风格的人更加不容易倦怠。

在领导力层面，下属认为焦虑型依恋风格的领导最没有影响力，而回避型依恋风格的领导情商最低。安全型人群最可能被指派为领导，而回避性人群的概率最低。作为非安全型人群的下属，人们容易感到倦怠，工作满意度也更低，而受回避型依恋风格领导的团队更缺乏凝聚力。焦虑型依恋风格的人，对关系取向的领导方式更加青睐。最后，回避型依恋风格的人与领导的关系质量比较低。而依恋风格是如何影响领导的变通与远见的，本阶段尚且还不清楚。

假如你是非安全型人群，以上所有的结论对你来说都不容乐观。然而，我们或许还没有发现某些情境，在这些情景下，非安全型依恋风格反而更有优势。从生物进化的角度来说，最有效的依恋风格往往取决于环境（比如你被抛弃了，那么回避型依恋风格反而能帮助你在情感上坚持下去，继续努力生存）。研究中有一些初步的线索显示非安全型依恋风格在工作中的作用，比如一项研究表明，焦虑型依恋风格的人，会更频繁地提醒他人追赶进度、绕过障碍。

我们还能推论出什么？有什么实操性建议吗

现在，让我们将视角超越个体研究来关注另一个问题：我们对依恋关系和友谊与工作关系之间联系的期待，是基于我们对于依恋关系的认识方式。再次重申一遍，所有的情况都有普遍性与极端性之分。假如你发现自己和后续的描述非常契合，也不用感觉到窘迫。当你了解自己的依恋风格以后，问题的解决方式就变得充满了条理而直截了当，你在问题解决部分，将会有所收获。如果你属于安全型依恋风格，这些描述和提示也将帮助你了解别人。

友情与工作关系中的焦虑型依恋风格

焦虑型依恋风格的人，往往会建立感情强烈的友情。正如在恋情中一样，他们很容易感觉到朋友会跟自己"决裂"，从而充满担忧。而他们可能会对朋友时冷时热。当他们感到压力或者沮丧时，有时候会疯狂寻求与朋友的联系，而有时候又寻求回避，比如当他们醉心于新朋友时，就会从以前的友情中撤退。

焦虑型依恋风格的人，期望其他人会把同样的情感强度投入到他们的人际关系中。假如对方没有，他们往往就会陷入失望与愤怒。当他们感觉到朋友正在进行情感上的撤退（即使这可能是因为新的工作，或者新生儿这样情有可原的理由），他们可能会敏锐地向朋友多提需求。反过来说，当有人似乎表现出与之成为朋友的极大兴趣时，他们反而会退却。

焦虑型依恋风格的人，往往会将自己的友情进行划分，比如他们不愿意与伴侣有共同的朋友。他们本能认为分享朋友对自己有威胁，这是一种自我保护行为。他们不相信伴侣会永远守护自己（也不相信别人不会在自己背后嚼舌根子），同时也不愿意因此而失去朋友。

因为焦虑型依恋风格会快速建立强烈的纽带，相比于别人对他们，他们会对别人产生更多的亲近感。他们可能会对仅仅通过互联网认识的人，或者自己本不认识的半公众人物（比如作家、网络博主或者播主）形成强烈的依恋感。网络上的粉丝团体（比如一群爱看某个电视节目而组成的粉丝团），尤其容易吸引焦虑型依恋风格的人。这类群体为他们提供了强烈的情感、有利于稳固纽带的共同语言，以及划分的友谊。然而，正如在其他关系中一样，他们最终可能在这些关系中感到失望或被辜负。

在工作环境中，焦虑型依恋风格的人更倾向于寻求与特定同事之间的强烈关系。他们对于接近不甚熟悉的人，可能会感到敏锐而焦躁。他们坚信，与工作来往密切的人成为"好朋友"，是非常重要的。比方说，他们喜欢在工作关系中进行更多的自我表露，似乎这一类型的亲密感，能够帮助他们更有安全感。

对焦虑型依恋风格的人来说，工作关系的转变会让他们感觉困难，比如上级离职或者被替换。如果他们感觉到自己被孤立排挤，即使并没有充分的理由这么认为，他们也会感觉很生气。比方说，当他们合作密切的同事，开始为另一个不包括他的项目组工作。他们可能会意识到自己的反应不那么正常，但是理智上的意识并不一定能完全安抚他们的情绪。

解决方法：

你现在几乎是个亲密关系的专家了，如果你发现这些解决方式对你而言已经是不言自明的了，那你就该意识到，通过努力的阅读，你已经收获了充分的理解。对于在你生活中表现出来的不安全型依恋，你可以尝试任意的解决方案。

在你对一些客观存在的情形反应过激时，你需要意识到这种情况。如果你可以接受自己的情绪，也知道这是不安全型依恋激活使然，那么这种强烈的情感就很容易处理。比方说，你发现自己在工作伙伴转到其他项目团队时，产生被抛弃的感觉，进而出现愤怒、沮丧和嫉妒的情绪。或者你的朋友因为人生阶段的转换，而对你有些疏远。

如果你感觉自己对朋友或同事具有很强的依恋感，要意识到那是你的依恋风格使然，事实上可能有点出入。若是别人对你的情感并没有那么强烈，这也并不应该作为你控诉的罪证。

因为你陷入了强烈的依恋之中，你遇见的大多数人，情感没你那么强烈也是正常的。

你要接受你对某位朋友的情感与他对你的情感之间可能出现的不平等，这是非常正常的。比如说，若是你发现自己仅仅经过线上聊天，就被某个人深深吸引了，这是很正常的。你要试着享受这种强烈的感觉，同时也要接受对方并没有义务给你同等的反馈。

你要是在工作中往往只有很少的亲密同事和上级，可以试着扩展人际关系，包括一些没那么强烈，不涉及太多自我表露的关系，你也不需要对每个同事都产生朋友一般的感情。即使你由于依恋风格使然，可能会有这种感受，但事实上，工作关系中缺乏个人友谊并不会产生什么威胁。

要注意你是否常常切换于将某人理想化，以及对某人大失所望两种状态之间。如果你有这种情况，可以试着追求一种折中的状态。

友情与工作关系中的回避型依恋风格

由于回避型依恋风格的人至少表面上看起来很能容忍分离，因此他们可以和某个朋友很长时间不见面。相比于自己定期邀约朋友，他们更愿意等着别人联系自己。即使他们很想见到朋友，也会等着对方向前迈这一步。在某段友谊中，两人的计划失败，也不会主动重新制订。由于他们讨厌被打扰，因此他们所建立的友谊，往往共同活动比较松散，不会有亲密的举措或强烈的情感。两个回避型依恋风格的人，如果两人都想等着对方主动，他们的友谊往往缺少维持共同关系的黏合剂。跟恋爱关系中一样，当友情或工作关系受到破坏，比如亲近的朋友或者同事由于繁忙而没时间陪他们，回避型人群也会低估其对自己产生的情绪影响。

回避型依恋风格的人，往往不愿意与工作伙伴产生过多的亲密情感。由于工作关系通常如此，回避性依恋风格的人也不会像焦虑型人群一样，令依恋风格严重地影响到工作关系。指导下属（或督导学生）对于回避型依恋风格的人来说可能比较难，因为这一类角色中，学员需要导师来保证自己的进步，在学习过程中所犯的错误都是很正常的一部分。如果同事需要情感支持或者自我表露，回避型依恋风格的人可能会因此恼怒或者弃之不理。

与他们恋爱关系中出现的恐惧相同——特别是对受责备和被打扰的恐惧——在工作关系中也会出现，诸如在团队项目进展不顺利的时候，对责任承担的恐惧。与恋爱关系中一样属于藐视型回避的人可能会不时表现出对他人的情感体贴，但是并没有持久性。他们可能会忽视他人的情感影响而做出伤害他人的评价，比如在指导学生的时候，不合时宜地将对方与过去的学生比较。

解决方法：

试着坚持联系你的朋友，而非长时间不接触他们。

在计划失败的时候，乐意和朋友一起重新制订计划。

无论在友情还是工作关系中，都要注意自己是不是低估了关系受到侵扰、丧失依恋对自己的情绪所产生的影响。当你很享受的依恋关系受到阻碍，比如关系亲近的同事调到了另一个团队，便可以采用一些额外的自我照料方式。

如果只有高强度的实际人际支持才能让你产生安全感，那你应该让自己置身于学习型的环境中，才可以获得这样的支持（回顾上一章中我引述的研究，就展示了回避性依恋风格的人群最受用的支持类型）。

在工作中，应该相信自己有能力成为别人的依恋对象，而不要一味给自己压力，烦扰自己。比方说，或许你需要给正在执导的学生增加一些情感上的支持和鼓励。如果你需要和焦虑型依恋风格的人相处，你可以使用上一章提到的策略，来帮助他们感觉到更加安全，别让他们感觉到你带来了过大的压力。你可以多将注意力聚焦到前面章节中提到的，基于对方依恋风格而采取的最佳行为支持和影响方式。

你可以采用积极的事件，作为与同事联系的一种方式。比如在同事享受成功的时候，发给他一封祝贺邮件。

假如你在依恋关系上冒犯了别人，比如忘记祝贺别人或者忽略了他人的要求，请向对方道歉，而不是一味逃避。

……

应对职场中的人际关系

　　相比于安全型依恋风格的人，职场中的人际关系或许更能影响焦虑和回避型的人。回避型依恋风格的人容易在感情上过度负荷，并发现自己很难摆脱消极的想法。而对于焦虑型依恋风格的人来说，职场人际关系会引起他们对人际关系的过度关注。因此，在处理职场关系的时候（即使并非直接身临一线），采用额外的自我照顾和策略来稳定情绪，对非安全型依恋风格的人来说尤为重要，在必要的时候利用支持是很有效的，比如在处理一些自己可能成为炮灰的问题时。

未完待续

- 在本章中，你觉得第一重要的信息是什么？

- 你觉得自己的依恋风格，是如何改变你的生活轨迹的？再广义一些来说，你可以看出自己的亲密关系是如何影响生活的吗？比方说，你是否因为经历了情感上值得信赖的关系而变得更加安全，无论是在恋爱、友谊还是职场人际关系领域？再或者，你是否因为受到依恋对象辜负，而遭受了回避型的魔咒？

第五部分

——

如何开始一段成功的事业

第十二章

摆脱工作中的错误思维

在本章中，我们须要处理四种与工作有关的思维误区模式，进而看一些"不起眼"的习惯，是如何影响工作进程的。

负担症候群

负担症候群（又名骗子综合征）就是即使你确实有了客观的成就，还是会害怕自己因为欺骗而被揭露。这就导致人们往往试图保持低调，而非变得更好。你可能会因此习惯性地自我怀疑，在自信与焦虑之间不断切换。负担症候群的症状之一，就是将任何错误和消极反馈都视为灾难。你害怕一旦小小的错误被人揭露，你的职业生涯也即将毁于一旦。

负担症候群会导致一种低成就等级的自证预言，其原理如下：

- 你可能会因为网络、领导、不同的观点以及任何令你被注意到或是令你受到监督的事情而退缩。而正因为这样做，导致你失去了展示自己价值的机会。

- 负担症候群往往伴随着恐惧以及对反馈的回避。而一旦你逃避他人的反馈，你就失去了进步的机会，同时也失去了发现他人对你的做法表示赞赏的机会。

- 对于举荐自己争取奖励、奖学金或者任何需要外部评估的事情（比如将自己的研究投稿发表），你都会选择退缩。如果你在这些方面不推自己一把，最终能够证明你的能力和成就的客观证据就更少。

- 假如你容易小题大做，那你对反馈的反应也会很糟。而你最主要的问题并不在于他人的反馈是什么，而在于你的防御性反应本身。

- 你的目标会降低。

- 你可能会为了弥补自己缺乏的能力，而发展一些另外的吸引力。然而一旦你受到表扬，你就会将其归因于自己的魅力而非能力。

- 你可能会选择放弃一些让你承担更多责任，需要更加暴露自己的机遇，即使这些责任和关注不会马上降临到你头上。

- 你可能坚信只有非凡的表现，才能让自己免于作为骗子而遭到揭发。而这往往导致过度的完美主义、竞争意识、无力感甚至嫉妒。正如我们前面提到的，完美主义和嫉妒会导致退却。比方有人触发了你的社会比较倾向，那你可能就会拒绝与他人协作。

解决办法：

不必直接得出结论，认为负担症候群就是自己有什么异常。正如那些有强迫性障碍的人一样，即使每天洗了 10 次手，还是觉得手上有残留的病菌。他们仍然处于焦虑和"恶心"之中。而负担症候群也是同样，只是表明你感觉自己深陷危机，而非危险真的存在。

不要总是提高自己的标准。所谓"病态的完美主义"就是用来描述有的人追求完美主义导致生活中产生问题，或者增加了他们心理负担的风险。一旦病态的完美主义者实现了自己的高要求，就倾向于通过再次提高要求来进行反馈。由此产生的结果就是，人们只有在达到了自己苛刻的自我期待之后，才会感觉到满足（减少焦虑、提升自我接受度等等）。如果没有达到，他们就会得出错误的结论，认为一定是自己的要求还不够高，然后不断地过高要求。而这就导致了病态的循环，可别让这发生在你身上！

要意识到自己在评估与他人的竞争力时所产生的认知偏差。这一点主要在听闻自己同事或领导谈论专业领域的时候（比如大学教授在非常专业的领域中讲授课程），会显得尤其正确。要记住，当人们处于领导角色时，往往会选择自己最舒适、最合心意的内容来谈论。你很难看到他们在这些领域的不足，因为他们根本不会提及其他领域！

我们往往会假定自己了解的东西别人同样明白。因此，拿捏让你觉得稀松平常的专业问题，在他人看来可能已经超出认知。一定要意识到自己是否产生了这种推断。

同样地，要是你假定其他人跟你的思维方式一致，你可能会忽略掉一点——你的思维方式本来就是一种技能。比方说，你可以下意识地在面临障碍的时候想出创造性的解决办法，而你并不知道别人是做不到这一点的。

如果你假定其他人都比你知道得多，那你就很可能不愿意分享自己的见闻，这会导致你认为自己对他人来说毫无价值，而这恰恰与事实相左。比如说，你想到了一个对你的工作产生极大帮助的主意。你认为同事们也会觉得它很有用，但你告诉自己"他们可能已经知道了"或者"要是我把这个发现说了，别人根本不屑一顾怎么办"。为了解决这个问题，可以试试这样做：如果你认为"同事赞赏你的主意很有用"以及"他们早就知道这个方案而表示不屑一顾"两者发生的概率是五五开，那就将你的想法说出来吧。优先考虑获得乐观反响的可能，再考虑反响淡漠的可能。

就我个人来说，有一个巨大的顿悟时刻在于，我发现为了更好地工作，我需要经历自我信任与自我怀疑两个阶段。这两种情感状态会在不同的方面帮助我。有时候，我完成工作和掌控局面需要信心。另一方面，有时候我又需要自我怀疑来促使我检验自己可能出现的盲点，激励自己为了修正错误而做出更多努力。由于我的终极目标是为了帮助他人而工作，我愿意抱着最大的热情来实现这件事。注意：要充分理解自我怀疑的阶段对自己是有帮助的，才不会让自我怀疑伤害到自己。自我怀疑有时候就像是将绷带扯掉。而了解自我怀疑阶段能够帮助自己实现理想，让这个阶段变得更有价值，也更容易忍受。

无论你接收到的反馈是建设性的还是质疑性的，都要保持冷静。我在早期的著作《焦虑手册》中，花了大量篇幅在探讨如何做到这点。下面是一些简要的概括：如果你容易受到纠正型反馈的恐慌，你可以假定自己可能高估了自己纠正问题的工作量。你可能会发现，在你内心抓狂的时候，用一些措辞来表达你对反馈的开放态度是很有帮助的。比如说："你的建议都非常有趣，让我回去试着照你说的做一下。"

假如你在工作中出现了焦虑和负担症候群的状态，你可以回顾一下前面章节中关于依恋风格的材料，这可以极大地帮助你通过领导或者资深同事来确认你自己的竞争力。

关注那些你所回避或者感觉嫉妒的人，因为他们看上去（或者实际上）要比你聪慧，成就也比你高。为了保护自己免受灾难，你完全不必在每个领域都变成最聪明的人。你要是比任何一个个体都知道得多，人生将会很没有意义的。你的长处并不一定需要非凡卓越才能体现价值。

在你的职业生涯出现升迁时，负担症候群就会出现。你会发现将这种状况分享给有过同样经历的人，会非常奏效。你可以问问他们这种迁升产生了什么情感上和实际上的变化。这都不需要含义深远的谈话。有时候，仅仅知道对方是不会在一段时间后变得更加从容或者相反，是否还是会有明显的负担症候群现象出现，这对你来说都是很有用的。

客观来说，对于自己无能的认知最好的防御方式，就是让自己变得强势起来。评估你的选择最好的方法，就是基于它们能不能实质上增加你的竞争力，比如，"和那些技术比我娴熟的人合作，是否会让我也变得更加娴熟呢？"

对你的长项进行深入理解，包括这种长项中所包含的情景、经验以及运气成分。比方说，我是一位"数字化原住民"（从幼儿园开始，学校和家里就有电脑了），而且事实上我是这个群体中最老的一辈。我可以利用技术（比如谷歌学术）快速地搜集和总结大量的研究成果，而这对于"非数字原住民"来说，是比较困难的。我在自己的研究领域中，甚至比很多比我年长的人有着更多的相关经验和知识积累。正因如此，即使是面对相同的信息内容，我对自己所阅读的内容的理解，以及将这些内容放置到语境中的方式，和那些相关知识比较匮乏的人不尽相同。虽然在我的研究领域中，我也有技不如人的方面，但我知道自己有某些出众的才华，或许在一定程度上，这种能力是与生俱来的。

另外，在你思考自己的长项时，记得回顾一下第二章所写的我们的长项是如何从弱点之中崛起的，并且确保你的理解是适合自己的。

回顾一下你的过去。假如可以的话，你是从什么时候发现自己有点不对劲，或者说自己不够聪明而无法成功的？或许这就是导致负担症候群产生的最微妙的事情。比方说，你考试得了

96 分，而父母对你的回应就是盘问你那 4 分是怎么丢的。或许你会不适宜地将智力跟同辈相比。或许你本能地认为你的成长经历很"怪异"，而唯一可以弥补你人格的，就是你的智商。因此，你会高估自己的才华，对其任何小小的威胁（比如犯个错误），都会被你看作灾难。

无论你相信什么是避免职业灾难的必要元素，你是在什么时机、用什么方法发展这些信念的呢？比方说，如果你认为永不犯错非常重要，你印象中自己是什么时候开始这样想的呢？

小测试：

我所提供的解决方法中，哪些看上去是跟你最相关的？

......

工作开始却无法完成

在我向周围的人征询最希望在本章中看到什么的时候，有个很受欢迎的要求，就是希望就"工作开始但无法完成"这个问题得到建议。我在这里给出的建议也没有什么神秘的。经过不断地解决问题，你的思维模式已经产生了足够清晰的格局，以此来思考如何解决这类问题的策略，而非一味寻找稀奇而独具创意的解决方式。考虑一下，让自己借鉴一些下面的想法吧！

解决方法：

采用"双管齐下"的办法：想办法让自己减少未完成任务的出现频率，并且建立一个任务重启机制，将任务继续完成。如果可能的话，"防患未然"要好于"亡羊补牢"，因此首选的办法还是从源头避免问题的发生，避免这些问题强迫你返回去完成未完的任务。

解决"我会回来做这件事"这样的认知错误，事实上，从以往经验就知道，你不会回来的。如果你感觉现在有太多事情要做，难道稍后就会有机会忙里偷闲吗？一定要意识到自己的这种错误思维，并且及时进行纠正。

辨别那些导致你难以完成任务的"不起眼决策"。在什么情况下，你会决定开始一件事情，而这件事情最终成了"烂尾摊子"的一部分呢？在你精疲力竭却还不休息的时候，可以借鉴我之前分享的任务转换问题，这样做只会让你更快丧失动力，最后让手头的两件事情都做不好。还有一个类似的例子，就是你在接孩子前的 30 分钟时，决定开始一项为期一小时的任务。

"先做最后一件事"可以帮助你更好地调节自己的节奏。随着你精力的衰竭，往往事情的最后一部分是最乏味的。打个比方，在我写博客的初始阶段，会发现挑选和上传照片是很有帮助的。然而，我写着写着就发现自己失去了挑选、修改再上传照片的精力和耐心。而这本是任务的自然规律使然，采用"先做最后一件事"的策略可以帮助你更好地调节进程，特别是在你低估任务所耗时间的时候。

你要学着接受，任务最后的 10%~20% 是最难完成的。这节点上你会非常累，也最容易在内心感觉到事情"差不多"做完了，即使事实上你还有非常重要的工作要做。发现事情的最后一点点特别艰难，是十分正常的！对此应该给自己一些关照。

在日常生活中，养成将工作一气呵成的习惯。一旦养成了习惯，你就会在工作日留出足够的位置，给予自己充足的时间和精力，来将计划中的事情一气呵成。

由于你着手的事情并不意味着值得一做。因此你可以借鉴制定新任务优先级的时候使用的启发法，来为尚未完成的项目制定优先级。比方说，将我的"100 美元"原则运用到还没完成的任务上。如果待完成的任务还不值 100 美元，那么在我完成所有 100 美元以上的任务之前，我都不会继续去做这件事了。

很显然，很多在第六章所提到的概念（有关于拖延和回避的）同样和完成任务相关。你要确定给自己完成任务的方法强加的原则，与你的任务完成是不相抵触的。比方说，假如我在酝酿一篇包含 10 条内容的博文，显然我开始着手的概率就不如酝酿一篇只有 3~5 条内容的博文那么大。有没有什么规则和标准是基于你自己的想法，但事实上没有外部要求表示你必须这么做？

你可以留出一部分时间来作为"后盾"，以此来完成做到一半的工作。回想一下第五章的内容，你在每一天、每一周中的可用认知精力高峰时间点，都是不同的。为了有充足的时间和意志力来重新开始未完成的工作，你或许需要将一些时间空当留在可用认知能力的高峰时间上。

相比于开始一项新工作的诱惑，显然去完成尚未完成的工作是比较无聊的。你需要定期暂停新任务的加入，先督促自己将未完成的任务做完。思考一下在你将剩下任务完成之前，有什么事情是不能开始的？

……

强迫性地过度工作

这一部分的内容，对于过度工作的人来说是个不错的选择：你之所以会不自觉地过度工作，要么是因为使命感，要么是因为你认为过度工作是避免失败必需的。如果你是这样的人，一定要试试减少工作会发生什么。而当你投入的时间减少，可能反而会发现自己的工作效率变得更高了。即使并非如此，你所获得的个人福祉也比个人产出的轻微降低来得更有价值，你或许会意识到自己高估了自己对于过度工作的"需要"（比如你在适应减少工作以后，可能项目评估显示你的工作并没有因此下行）。

解决办法：

让你自己体验一下不过度工作的感觉吧。假如你像转轮里面的老鼠一样步履不停，那就停下脚步让自己清醒一点。为了理清头绪，你可以这样做：花一天时间去国家公园或者州立公园徒步；试着一周时间都不用某种技术；或者把工作和出差都丢开，自己出去度个周末。

在一个非常微观的层面来说，你可以试着慢一点呼吸，允许自己别为了解决眼前的问题而过度工作，花5分钟时间来让自己镇定一下。在接下来的5分钟里可能不会发生什么灾难，所以允许自己享受现在的时光吧。如果你喜欢上了这种方法，你可以试着将这段时间缓缓拉长。特别是在你感觉烦扰不安，或者长期被压力弄得喘不过气时，这个策略对你尤其有用。人们之所以过度工作，是因为停在来的那一刻，焦虑就会死死盯住自己。因此他们就会通过更多的工作来解除自己的焦虑。然而，长期下来，这样做只会让你一旦停止工作就陷入焦虑。如果你是这样的人，或许暂时让大脑休息一下是很有帮助的。

听取他人给你的建议。比方说，你的伴侣建议你去做个健康检查，或者说你看起来为了不太合算的事情工作太久了，他们所观察到的，对你来说是一块非常有用的真理宝藏。其他人对我们的提醒，对于自己现存的问题来说尤其有用，即使他们向你提出的解决办法可能有点离谱（或者会把你彻头彻尾地激怒）。

如果你正在超负荷工作，或许你是忽略了休息一会儿可以极大地帮助你在工作中做到最好。在很多情况下，休息和最佳产出之间并不是简单的非此即彼关系。假如你是个严谨而深思熟虑的思考者，你可以通过将有意识的思维（你的强项）与你的工作最完美地融合在一起。如果清晰的解决方式还未出现，可以休息一会儿，做一点儿无关紧要的事情，将注意力转移到别的地方，让大脑自动地继续工作。你可以让大脑在无意识之间帮你解决问题，好好利用这个心理过程的独有特性。你可能会非常惊讶，这会让你很快就清晰地看到事情在往好的方向发展。没有多少持续不停的工作能够代替这种方法的效果。

关注你的其他兴趣对于职业生涯的潜在裨益。如果你自己和事业处于同一条轨道，你的很多知识与同在这条轨道上的其他人相比是大同小异的。那些对你想法产生影响的业余爱好，可以在工作上给予你极大的竞争力，因为你最终能够得到一项复合的技能，这种技能是独特于领域内的其他人的。比方说，你爱好一项运动和这项运动相关的某些思维方式，可能会影响你在职业生涯的一些想法。而这项运动有可能只是需要本能和天赋，而不是一味地过度思考。如果你的工作需要投入强烈的情感（比如心理治疗师），那你可能会从一些与非情感类的爱好上面获益（前提是你喜欢这些）。对你来说，业余兴趣是如何增强你大脑另一部分的能力，让你跟自己的另一面有机结合的呢？

保证自己在一段时间的工作之后参加一些符合自己兴趣爱好的活动，是产生创造性洞见的绝佳方法。你的工作依然存在于你的脑海中，你会在兴趣爱好和工作之间进行心理上的联结。我常用的一种策略是，在我比较爱听播客的那段时间，我就会在深夜选一个听上去比较有趣的合集来收听。这样做可以帮助我产生发散思维。这样一来，在自己昏昏欲睡的时候，我的思绪仍然活跃地往来于新的概念与熟悉的内容。

试一下这个思维测试——假使你每天只要工作很少的时间，比如一天两小时，那你会用来做什么？假如你可以将所有的事情都委派和外包给他人来做，那你最终会留下什么给自己做？采用极端的思维，可以帮助你获取从前没有想到的观点，也能让你得到待办事务的优先级。

当你的经理、老板或者是团队成员期望你过度工作的时候，显然他们的视角也是非常糟糕的。我们中的大多数都会有一种天生的偏见，那就是低估他人的工作量，也很难完全理解别人工作的内容。如果你接到要求，让你完成不可理喻的大量工作，或者指派给你的工作过分影响你的生活，或许应该将你的观点表达给领导或者团队成员，这样就足以纠正他们的偏见。

要了解你付出在工作上的心理成本。比方说，如果在某个任务上过度工作，能够让你免受另一个更令你焦虑的问题困扰。正如上一章所言，这种事情在回避型依恋风格的人身上非常常见。有时候，人们会将过度工作作为在伴侣面前居高临下的资本，他们可能会说"看看我，整天都在工作，很显然我很勤奋，而你就很懒了"。如果你常陷入负担症候群，可以试着找找它与过度工作的联系。你过度工作，是不是因为你认为这是避免灾难的唯一方式？你是否曾经过度工作、避免犯错，只是为了避免负担症候群的触发，或者减轻（你想象中的）"负罪感"？

看看你所在领域中的人（比如其他公司的同行），或者家庭状况和你相同的人，为什么他们不用过度工作？看看他们在做什么（或者不做什么）。他们是如何达到平衡的呢？他们有什么技巧，能帮助你少做一些工作呢？

检查一下，你是不是受到了什么错误启发，导致自己过度工作？比方说，你启发自己：假如自己完成一件事情的速度达到别人的两倍，你就要亲自完成。这表面上来看合情合理，但事实上却会让你承担太多的责任，使你不能将任务指派给他人，与此同时，你的同事和团队成员也难以获得令自己的工作更加高效的技能。

是否有"沉淀成本"谬误，导致你在一些实际上并不值得做的任务上过度工作？比方说，正因为你已经花了很多时间和努力在一个问题上，因此你会在这上面苦苦坚持，而事实上放手或许更好一些。

试着将那些可能促使你过度工作的认知偏差列成表格（比如低估这项工作的完成时长）。可以制订出一个游戏型计划，来减少这些认知偏差的影响。试着寻找一些同时解决多个问题的启发法。比方说，"先做 100 美元以上的事"，这个策略就几乎解决了我的事务优先级问题，而不需要把事情搞得更复杂。这对你来说效果如何呢？

让自己了解什么样的工作对你来说是有价值和意义的。你怎样在能在不过度工作的前提下，收获到这些工作的大部分裨益呢？

回避高难度谈话

我们之前说过，回避型应对事物的风格是如何作为主要因素让人打退堂鼓的。在这样一个总体趋势之下，导致问题的一个特定习惯就是在工作中人们总是回避高难度的对话。这类对话的特点如下：承认错误，要求领导提拔你，请假或者是职位调换，申请调换你中意的工作搭档，或者与其工作某些方面令你很不满意的雇员沟通。

解决办法：

先拿起你的荧光笔，标识出下面的关键点中，看上去对你有用、跟你相关的部分。

采用"己所不欲，勿施于人"的原则。比方说，假使你需要承认错误或者请假，那么换位思考一下，换作别人跟你提这样的要求呢？你应该站在对话的另一方的角度上想想这个问题。

你只需要为这场对话承担一半的责任，而不是全部。你可以采取一些基本的步骤，比如对自己的要求再三进行思考，除此之外，你只能对自己的行为和反应负责，而无法操纵谈话对象的想法和感受。这样想可以帮助你免于将他人的行为过度地个人化。

要相信即使对方跟你说"不"，自己也有能力应付。人们总是有这样的认知偏差，他们会高估自己提出要求并被拒绝后所产生的消极后果。你完全可以应付被拒绝的情况，也完全不用陷入焦虑的循环，不断去思考自己当初到底应不应该提出要求。

思考一下，用什么方法可以让人们更容易地接受批评性的反馈。比方说，采用"三明治"型的反馈方式（先积极，后消极，再转而积极），同时在给予反馈的时候，不要让对方在人前感到羞愧和困窘。

将高难度对话看作一种你可以提升的技巧，而非个体与生俱来的人格优势。家庭医生不会说"我擅长治膝盖，但是不怎么会治头痛"。对我们中的大多数人来说，高难度谈话能力跟其他的职业竞争力一样，只是我们工作的一个部分。

如果可以的话，在你不确定如何处置眼前情况的时候，可以选择沟通。比方说，你接到指派去跟另一位领导工作，可是基于对其声望的了解，你并不愿意和他搭档。你觉得你们不会很默契。但是否有另一种可能，即使你不能确定，也应该给新的人际关系一个机会，或者凭着自己的本能去试试，然后再决定是否重新更换团队。你可以将自己的想法与指派你工作调换的有关人员沟通。将一段高难度对话作为对他人意见的征询，是一种非常好的策略。

学习一些谈判的基本技巧，事实上每个人都需要将谈判作为自己的工作技能。但很多人都觉得谈判绝不会成为自己的技能或者长项。谈判这个领域，你只需要花很少的时间（大约 3~4 个小时）就能掌握其中的基本原则，然后长久地掌握这门学问。学会谈判的另一个原因，就是你只有这样，才知道什么时候应该让一般的谈判技巧为你所用。

你可以找出一些有自信处理这类问题的人（即他们完全不回避高难度谈话）。比方说，在从事售后服务相关工作的时候，我非常自信，还发现自己常常要求与主管对话。假如一个前线代表需要跟两个级别的主管做双线汇报，我只需要一位的肯定答复即可。我曾用这件事鼓励过一位表示"我决不向主管提要求"的朋友。

需要注意的是，在某些情况下你应该率先提出自己的要求，而在另一些情况下，你应该让对方先开口，有时候这比你自己先提要求要更好些。要知道在工作情境中，蕴藏着无数可能的灵活操作，这时候正是印证了"你不知道你所不知道的"。

你应该记住，高难度对话可能会促进信任。这一点在你要求（或征询）对方建议的时候尤为奏效（回顾第九章关于双方互相影响，从而加强关系的原则）。

高难度对话还有一种潜力，就是减少人们的压力。比方说，你发现自己有一笔欠款没有还。对方可能因此很困窘，但还是回避跟你直说，同时也在很焦急地等你注意到它。而你如果先提出来，并且和对方一同解决掉这件事，就能够同时减轻你和对方的焦虑感。

尽量不要对某一种方式的对话完全回避，比方说通过电话谈事情。如果你有孩子，可以试着教他们："如果你想要什么东西，可以自己打电话叫，我不会帮你代办。比方说，打电话给饭店叫外卖，或者打电话给爷爷奶奶，问他们自己能不能去家里过一夜。"你可以建立一种不回避电话的家庭文化，并且将此作为原则，应用到家庭和工作中。

推荐一本名为《高难度谈话》（*Difficult Conversations*）的书[6]，它可以作为这个议题的优质附加资源。

解决你"微不足道"的自我厌弃模式

回顾第五章，我们提到了那些微小的无效行为积攒起来就会消耗你的时间，增加你的挫败感。这里有一些提示，帮助你找到工作中的微小自我厌弃模式，只需要很小的调整，就可以将他们解决掉。

比方说：

- 如果你常常写好清单又不看的话，应该将它们贴在家门背后。
- 假如你在工作的时候常常"不撞南墙不回头"，抓住事情的某一方面消耗很多时间，或许你应该为这个部分设定时间期限。
- 假如你脑海里会重复出现某种认知偏差，或许你需要有一

---

6. 作者为美国沟通专家道格拉斯·斯通（Douglas Stone）等。

种提醒机制来反驳它，比如在办公室的墙上做一个标记。那些喜欢小题大做的人应该时常提醒自己：每当第二天你带着新的眼光醒来，那些看上去很困难的事情，往往会让你感觉更加简单（这是我在因为工作上的事务感到焦虑的时候给自己的提醒）。

小测试：

你可以为那些影响到你工作产出和情绪的微小自我厌弃模式，制定一份不断更新的名单。一段时间，列表上的某些问题可能出现简单的解决办法，你就可以将它们划掉了。

未完待续

- 这一章中，哪一个是你觉得最简易速记的观点？
- 一种观点需要转化为产生改变的计划，进而才能影响行为。对这种观点进行回顾，你接下来会怎么做呢？比方说：你可以为自己想要记住的观点设置一个物理上的提醒机制，又或者：你可以设置一种体系，为自己制定一个硬性的最后期限，比如你可以雇一个人，在某个特定期限开始帮你完成下一个步骤，这就意味着你需要在这个特定期限之前完成手头这部分工作，别人才能继续接手。

第十三章

摆脱理财中的错误思维

在这里简短地罗列一类偏差：大多数人一涉及自己的净资产问题，就容易搬起石头砸自己的脚。一旦你陷入了这种偏差模式，就会发现他们在你生活的诸多方面，以不同方式一次又一次地出现。而这一类范式所共有主要特点在于：它们会令我们在财务和个人福祉方面变得鼠目寸光。

　　你在阅读过程中，首先应该考虑，如何优化你的财务决策。而爱能帮助你获得金钱以外的最大程度愉悦。虽然这一章表面是关于金钱，其实质是关于如何减少不必要的焦虑，实现清醒的头脑，了解最令你快乐的抉择，并且在支持你生活的前提下尽可能减少你的工作量。

　　虽然生活总是忙碌而令人疲惫，我们仍然有办法分散自己的注意力，从赚钱的紧迫感中开解出来，特别是当你在这个问题上感觉又自卑又压抑的时候。你或许总会想"以后怎么办"，可是以后永远还没有到。我希望通过这一章，能够促使你在框架内思考自己关于金钱的决策，进而得出更多可操作的建议。接下来，我们就来看看人们在金钱方面，普遍容易产生的偏见。

节俭让生活更轻松

我们通常认为削减开支是一件痛苦的事情，而这就忽略了一点：少买一点东西、减少开支可以马上减少你的压力（同时往往还能节约不少时间）。换句话说，削减开支并不是在为了长远的幸福牺牲眼前的快乐，事实恰恰相反。

- 我们来看一个电子设备的例子。你买的电子设备越多，你就有越多的东西需要运行，而各种各样的设备需要运行，你就需要频繁更新它们，需要越多的技术知识，你就会更加急切地需要保护你所拥有的设备、账户等等不遭破坏，丢失或者偷窃。这听起来很熟悉吧？概括点说，你拥有得越少，就没那么需要打理、放置、整理、安装、做各种决策，以及丢弃。

- 家里的房屋不在大，够住就行，适当大小的房屋可以减少你的焦虑。打扫和装修小房子所需的时间和精力，显然要少于大房子，而你支付这一切所需的工作量也会减少。如果因为品位变化而需要改变房子的装潢，小房子所需的开支和难度也会相应减小。不仅如此，你每月的供暖费和制冷开支也会降低，即使你要购买新的空调系统，也可以挑一个小功率的。

- 而说到交通方面，如果你的汽车或者单车比较便宜，那么遭到剐蹭、盗窃或者因故报废就不是什么大事。

- 对于孩子和家长来说，比较实惠的课后活动产生的压力也比较小。像一些基本的选择，比如去公园或附近的游泳池，不需要购买专门的装备，也不需要在交通高峰期开车穿过整个城市。

- 光顾餐馆有时可能显得很有趣，但那些常住在酒店里的人（比如工作所需）都会告诉你，每顿饭都要在外面吃是非常耗费时间的，而且花销巨大。另一方面来说，每次多做一点菜，用冰箱保存起来也是非常节约时间和金钱的。

- 而说到送礼，选择简单而实惠的礼物，显然比选择昂贵的礼物产生的压力要小。

重点:

如果你喜欢大房子、豪车或者所有型号的任天堂主机，我并没有意见。这里唯一的问题在于：你应该对这些看似可取的选择的成本进行考虑，包括时间和压力，也包括金钱。你如果因为一些对自己来说真的非常有意义的事情而产生开销，我是很赞成的。如果不持这种观点，关于金钱的部分是很难写下去的，因为我看起来像是在倡导某种价值体系，指导你如何选择自己的生活。我并没有这样。我的目标是帮助你理清决策和价值的关系，不管决策和价值本身是怎样的。

解决方法：

采用这些思维技巧，来增添你花钱时候愉悦感的持久度。

研究者伊丽莎白·邓恩（Elizabeth Dunn）和他的同事认为，在你做出购买决策的时候，应该考虑到这项购买行为是如何影响到你每一天的生活的，包括积极影响与消极影响。比方说，你想买一辆梦寐以求的新自行车。你要考虑到自己会买一把巨大笨重的锁，每天固定好几次，以防自行车被偷。换句话说，如果一种消费行为能够改善你每天的生活，且丝毫没有消极影响，那你可以果断地行动起来。比方说你花钱修理家里一件坏掉的东西，可以减轻你每天的沮丧感，这个钱你就很值得花。

将减少消费看作一种方式，有助于让你将更多的时间花在那些对你来说最愉悦、最有意义的购物上面。一旦你减少消费，你将会更加用心地寻找和享用真正想买的东西，还能减轻罪恶感。

尽量延迟消费行为，你可以享受到更多期待的快乐。我们获得的大多数快乐，都在于花钱（及其产生的愉快体验）之前的期待。比方说，我制订旅行计划所获得的快乐，几乎与我从旅行本身获得的持平。在你处于考虑和决定购买之间的时候，还会产生一项额外的奖励——你的决策能力会有所提高。比方说，你会在自己为一次海滩度假点下"确认购买"按键之前，记得检查一下当时是否处于季风时节。

注意"喜欢—想要"偏见的影响。[我们想要（即渴望）什么和我们喜欢（即乐于拥有）什么，两者是有区别的，一定程度上是因为两者的脑机制不同。] 你可能会非常想拥有一样东西，而一旦拥有，你并不一定会真的享受为其投入的时间和金钱，以及拥有和维持它的整个过程。比方说，你在逛电视展厅的时候，你可能会非常想要最大的那个，但事实上，你对于 60 英寸和 49 英寸屏幕的喜爱程度或许是一样的。

"免费"不一定是真的免费：论及机会成本

人们往往误以为金钱只有一种花出去的方式。而金钱还有另一种极其重要的消费方式，那就是对你精力的消耗。很多免费的业务，其设计理念就是尽可能让人上瘾。它们的产生是为了吸引我们过度消费。比如奈飞公司会将其连续剧的下一集开头放在上一集的结尾这样。我们陷入这类行为的旋涡之后，可能会产生一定程度的快感，这不一定会产生货币成本，却会产生机会成本。

现在来做一个名词解释。"机会成本"的意思就是，由于你要做某件事，就会丧失做另一件事的机会。假如你没有花那么多精力，沉迷于"免费的"业务，或许你就有更多的机会，将这些时间和精力用在净资本效益更高的事情上。当你沉迷于社交媒体和电视节目，你就无法进行一些启发深度思维的活动（比如出去散步），或者享受其他一些帮助你解决问题、集中注意力、拓宽人际、锻炼身体以及活跃思维的兴趣爱好。

解决方法:

在对这些设计是如何塑造我们的行为进行思考之前,我们很容易陷入自我批评和过度消费。如果一般美国人平均每天花 6 个小时在电视或智能手机上进行媒体消费,这也不代表 350 万人都有人格问题。因为各类公司的旨趣不会让我们减少消费。因此我们需要养成习惯,来重塑自己的行为。你可以对自己的行为改变进行一些设计。比方说:

· 你可以在某个时间段,在手机上设置免打扰模式,这样你就不会收到推送。比如写作期间,每天晚上 10 点到早上 10 点之间,我就将手机设置为免打扰模式,近来我发现这个方法对我很奏效。

· 作为上一条的替代或者附加,你可以长期屏蔽各大公司发来的推送,而不要屏蔽个人的消息(比方可以保留短信推送)。

· 你可以试着只把实用的软件留在主屏幕上,比如地图、备忘录和天气预报。将其他的软件放进另一面屏幕,这样你就不容易无意间打开它们。这样的小小改变可以产生巨大的作用。你还可以将相似的基本原则用在生活中的更多领域上(将时间花在值得的事情上)。比方说,谷歌公司总部会将 M&M 巧克力豆放进灰色的罐子里,这样就可以不用那么引人去打开吃。事实上你也可以用同样的方式对待手机里的应用软件,将它们放入不用一眼看到的文件夹里。

- 如果你想对自己使用某个网站的频率进行更进一步关注，可以试试"全神贯注（StayFocused）"或者类似的应用软件。你每天使用网站的时间超过设定时限后，这个软件就会阻止你继续。正如第五章所提到的，你可以用这种方式改正不良的习惯。这一章中的所有建议，你不必照单全收，也无须完全抵制。

我们可以让好习惯之间互相影响。因为我们每个人的时间和精力都是有限的，所以应该做一些对我们多方面有益的抉择，包括财务方面。体育活动就是一个理想的，甚至可以说是榜样性的例子。比方说，步行或者骑车就是省钱的"交通方式"，而且步行甚至一分钱不用花。不仅如此，很多体育锻炼，不一定非要激烈运动，也可以让人们保持接下来几小时的好心情，同时也能增强人们的自我控制。任何事情一旦与你的个人价值产生了心理上的联系，你去做的动机就会变强。对此的一个建议是，多想想你即将要做的事情立刻产生的好处，而非去想那些近期并不会产生的裨益，这样更有助于稳固习惯的养成。因此，你可以专注于体育运动对你带来的益处，比方说让你精力更充沛，或者对生活产生新的认识，而不用去想它的长期效益。只要你的初衷是动起来，那从这简单动作中获得的其他的益处也是水到渠成的。

天下没有免费的午餐

这里有一个关于经济方面的悖论，那就是几乎所有看上去帮你省钱的营销方式，其设计理念都是为了增加你的开销。比方说促销、优惠券、优惠码、信用卡奖励以及其他的奖励，诸如长期会员折扣、免费使用、免费小样、丰厚的返还政策、订阅服务、免费/快速送达，甚至一些出人意料的低门槛价格，比方说，某一种廉价的设备只是为了让你购买昂贵的配件，甚至将你引入一个品牌生态系统中去。

商家的这些方法并不仅仅是为了鼓励你消费，他们经过了精心设计、测试和调整，以此保证你的钱尽可能多地花在这个品牌或者这家公司上面。当然，你也可能从参加不同类型的刺激消费手段中获得巨大的利益。然而，在你做出决策的时候，你至少要保证这个品牌提供的刺激消费手段以及其涉及的行为心理学知识，都是处于你认知之中的。所谓的免费和廉价，一旦将你引诱进入未来的消费中，那就不再是真正的免费与廉价了。

解决办法：

这些技巧能够帮助你在面对那些鼓励你过度消费的营销策略面前，变得更加灵活一些。

不要订阅促销邮件，在你真的需要促销优惠券码的时候，上谷歌搜索就好。

如果你沉迷于过度消费（或者即使你并不是这样），你可以为自己制定一个原则，拒绝参加任何免费和有折扣的业务。假如这个业务对你来说物有所值，那它即使是全价，也是物有所值的。这的确是一种违反直觉的思考，这也就是我要提出这个观点的原因。当会员制或者订阅业务的公司为新注册的会员提供免费使用和折扣时，会触发一种禀赋效应——我们会倾向于高估自己所拥有的物品的价格。假如你收到一条入会建议，可以以正常价格一半的花销加入仓储会员俱乐部——会籍平时价值 60 美元，而你只要花 30 美元就可以加入。或许你本不愿意花哪怕 0 美元入会，而当价格在 30 美元的时候，你大脑中的奖励中枢就会因为看到了"便宜货"而情绪高涨。无论你最终在这家俱乐部花了多少钱，只要价格重新涨到 60 美元，你都会觉得自己赚到了。为什么呢？因为现在花 60 美元就不是为了加入会籍，而是为了不失去会籍。你已经开始厌恶损失了（我们马上就会开始讨论损失厌恶的问题）。由于这种认知效应，你需要确认的是假使你没有接收到折扣注册的邀请，其全价入会对你来说也是值得消费的话，这样你就会了解自己到底是不是愿意全价购买首期的会籍。如果你已经订阅了免费使用服务，也可以在注册的时候就先关掉自动更新功能，在免费或者折扣试用结束后，给自己一个月的时间决定是不是真的需要注册全价会员。

要注意，某些促销可能会通过你的体验无形中提升你对消费品档次的要求。比方说，酒店信用卡会在你注册的时候，赠

262

送你一晚免费的高级酒店住宿。这令你享受到了酒店的顶级入住体验，而一旦你享受到了奢华的体验，你就很可能想再来一次。这是人的天性，毕竟"我配得上这个"的感觉非常棒。

思考一下你在哪里购物，记住，对行为产生最巨大影响的是环境而非性格。假如你在主营水果和蔬菜（比如某些针对外来居住者的廉价超市）的地方购物，那你很可能就买些蔬菜和水果。相应地，你可能会发现（也可能没发现），在仓储俱乐部购物往往让你的饮食更加便宜、健康，因为你会买大量的新鲜食材用于自己在家烹饪。在一定程度上，你需要测验一下自己的体验，问自己是否可以接受在同一个地方买一个新电视和两磅蓝莓。

接受他人对你消费抉择的评价。你很容易将他人对你消费的反馈，当作在说"你不配"得到你想要的东西。然而事实上，听取他人的评价是很有用的。比方说，你认为外出就餐是你食物支出的一个部分，而那些不了解你消费习惯的人，就会认为外出吃饭只是娱乐而不算饮食支出。如果你站在他们的角度思考，小小的认知转变，可能微妙地改变你的行为，帮助你更加开放地接纳不同的意见，不论是长期还是偶尔接受。相应地，某个坏脾气的伴侣或者家人问你"你能从中得到什么快乐吗"的时候，也可以帮助你看到自己的不足。

要认识到比较式购物可能会导致你想要的东西比需要的更加高档。比较式购物强调的是方案之间的差异。我们往往会高估这些差异对生活的影响，因此你可能会买个 400 美元的料理机而非 300 美元的，即使 300 美元的版本已经可以满足你需要的核心功能。在面对这类决策的时候，做一个快速的计算，让自己意识到需要多花多少钱，只为了避免没买贵的那款可能导致的后悔，而这种后悔的可能性其实微乎其微。比方说料理机的例子，如果你没买 400 美元那一版，你估计自己会有 10% 的概率因此而沮丧。在这种情况下，逻辑上你应该冒着可能后悔的风险买便宜的那款。如果你做出 10 次这样的权衡，那你要是每次都选贵的一款，就要多花 1000 美元。这可是买一个新料理机价格的 2.5 倍！你只要将决策放在这样的语境之下，就会发现它们是多么的合情合理。相比于其他任何情感，人们总会花更多的代价来避免后悔。而事实上，你总是高估后悔所带来的消极影响。

如果你发现自己的品位正在向更加奢侈发展，你可以将廉价的习惯和昂贵的习惯相混合。比方说，我常常会乘公交车去机场，而非使用来福车[7]（Lyft）或者其他的共享接送服务。相应地，如果我是独自出行，我有时候会选择旅社而非酒店。我在 20 多岁时，住旅社是我唯一可以负担的旅行方式。我这么做的原因是，它们并不会影响我的正常生活以及舒适程度。我并

---

7. 一种打车应用软件。

不愿意养成住高级酒店的习惯，因为身体上的舒适并不意味着心理上的畅快。另外，我也想避免享乐适应现象，因此现在来说，高档酒店对我来说仍然是一种享受。

> 在愿意忍受身体上的不适（比如背着双肩包步行而非坐车）与有能力忍受情感上的不安之间，是有一定联系的。有时候我们为了自己的目标而甘愿忍受身体上的不适，有助于提升我们忍受情感不安的能力。比方说，有氧运动就可以降低对心理压力的生理反应。

　　有时候，在你的舒适区范围内，购买二手物品就已经足够。比方说，你每三个月就在格雷克清单（Craigslist）[8] 买一件二手物品，这种行为可能会成为你的习惯。这么做能够成为你的一种购物方案，特别是买某些具有特定意义的物品时，更能让你感觉到舒适。为什么能买二手物品的情况下，非要买新的呢？

　　由于对风险的规避，我们往往会为了获得风险问题最小化的心理安慰而过度消费。比方说，你愿意花两倍的价钱，在传统零售商那里买一个名牌产品，让商店赚取丰厚的回报，也不愿意上网购买同款商品，因为网上购物存在一定的不可靠性。

---

8. 购物网站名。

人们往往会不可以思议地为了避免哪怕一丁点儿的不可靠性，而去花更多的钱——即使只是一笔小小的消费，即使这笔消费根本没有安全问题，即使绝对保证可靠性根本就不重要。

重新建构你对平常商品和奢侈品的认识。提前隐退的博主皮特·阿登（Pete Adeney）在其运营的主页"小胡子钱先生"（Mr. Money Mustache）中表示，如果你准备好了买一辆完美的车，在往后的10年每年花销低于5000美元，那么其他的额外花销都是不必要的。我早年间辗转的几个城市中，都是依靠公共交通出行，买车的确是种奢侈。每当我将2006年拥有的车想作一件奢侈品，我就会微笑起来，因为这件趣事真实地发生过。那是一辆带空调的车，能够载着我去任何我想去的地方。或许不需要新车的原因,是因为旧车已经很棒！再买车的时候，你唯一可能需要考虑的是它（已经证实的）安全性能，除此之外，你买的任何一辆车都可能流于"花哨"。

大牌很可能让我们产生晕轮效应，也就是说，由于与其他事物的某种联系，我们会倾向于对某件商品产生更好的评价。"晕轮效应"这个名词，往往是用来表示某些原本中立的东西，与某些美好事物产生联系的时候。比方说，相比于普通汉堡，当汉堡中加入芹菜梗的时候，我们就会认为这个汉堡的热量更低，而矛盾在于，当菜单上有更加健康的食材存在时，人们却还是会选择更加令人放纵的食物。只要我们喜欢某个牌子，旗下的所有产品都会让我们感觉到物超所值。比方你喜欢某个制造商旗下的昂贵手机，可并不代表这个牌子的平板也是最好的。相应地，在投资领域也是，你不应该仅仅因为一位喜欢的明星的投资方案，就盲目跟风对某一家公司进行投资。

损失规避

　　最大的一个关于金钱的偏见，大概就是人们总是会有损失规避倾向吧，这个概念我在前文已经简短提到过。这个概念的要旨在于，我们对于损失钱财所受的心理伤害，要远超过我们从获得相当收益中体验到的快乐情感。丢失 1 美元的伤痛，要比获得 1 美元的满足强烈得多。我们来看另外几个例子。

- 在超市多花 10 美分买个购物袋的感觉，要远远糟于自己带了购物袋，因此省了 10 美分的感觉。
- 一想到要有 1000 美元被盗，其感觉要比通过投资而获得 1000 美元的想法糟糕得多。

　　一个经典的抛硬币实验证明了损失规避倾向，实验中一个人被告知，假如他愿意参加试验，硬币抛起来以后反面朝上，他们就要付 10 美元。如果硬币正面朝上，则由实验者付钱给他们。一般来说，硬币正面朝上的收益低于 20 美元时，他们都不愿意参加试验。这个实验表明，我们对损失的敏感度大约是收益的两倍。损失规避导致人们减少投资，或者投入倾向于保守（即选择一些不会产生周期性风险，而总体来说有比较低的回报的投资方式）。

克服过度的损失规避可以让你快速地走向理性决策，乃至幸福与成功。你将会更加自信地做出总体来说最佳的决定。下面是一些关于此的建议。在这些策略中，假如你是个很容易陷入损失规避的人，有的策略可以帮助你减少损失规避，有的可以给你提供变通方法。

解决办法：

在面临损失规避的时候，采用一些基础的数学知识。比方说，假设你正在考虑预订一张价值 500 美元的航班机票，如果你需要更改你的旅行日期，则需要支付 150 美元的改签费。你估计随着时间的推移，航班的票价还会继续上升，而你需要改变航班的概率大约是 20%。平均来说，如果你订了 5 次这趟航班，其中一次取消费用，你将会为每趟航班平均支付 30 美元的改签费用（150 美元的 20%）。因此，如果你预计机票价格将上涨超过 30 美元，那么请毫不犹豫预订这趟航班，即使承担改签费用也是合乎逻辑的。请注意，无论你的计划中是否需要乘坐 5 次这趟航班，这个逻辑都依然成立。就我个人而言，我非常讨厌改签费用，所以让我发现这条策略可是非常困难的。

就投资而言，无论是疏于监控（逃避）或者过度监控，都会产生问题。如果你持有股票，你在股市中的资金越多且越关注它们，你就越可能观察到轻微的震荡（2%或以上）。而你看到震荡以后，就可能会撤资从而改变预先制订好的投资计划，如此一来你就很容易陷入"行动差距"。这也就是为什么很多的个体投资者股市收益都很低，他们的投资行为往往会表现为不断进行"波段操作"。很显然你不想对自己的投资全然不顾，但我想告诉你，过度关注同样也会导致问题。有证据表明，很多非常简单的低决策方案，也不失为明智的选择。比方说，沃伦•巴菲特（Warren Buffet）一类的人声称，对于非专业的投资者来说，将你的退休金存入一个跟着大盘走的指数基金，然后任由其发展，也许就是最好的选择。

用于克服损失规避的最佳行为，就是让这个行为最大限度地顺其自然。比方说，你计划在偿还了高利息的信用卡债务以后，在几个月内多存一些钱到退休金账户里面。如果可能的话，今天就设置好自动存款，只需设定一个未来想要的日期即可。现如今，你把未来的自己托付给这种行为，会比以后再这样做更加可靠。在某种程度上，我们此刻的自我和未来的自我，感觉就像两个不同的人，这也就解释了为什么为将来存钱是如此的困难。这样，你就很好地利用了这种认知偏见，保证了未来的自己也会产生积极行为。

如果你正在考虑进行一项投资，那就请告诉自己，这种投资类型的损失比率是很正常的。你可以通过谷歌搜索一下过去其下跌5%、10%、20%、30%甚至50%的频率。当然，过去的状况并不能担保未来，但你起码可以利用这些信息作为基准，主动考虑如何应对这些情况，以及在你现在的财务状况下，什么样的风险水平是最有意义的。

重要：

损失规避的一个迷人之处在于，尽管一份打击通常比等量的快乐更有影响力，但人们会比预期更能忍受、更快复苏。因此，当你考虑到你可以忍受的损失体量时，并不用惊慌失措，并且立刻撤回所有的投资基金。因为你会意识到可能低估了你的应激能力。你的心理免疫系统，可能比自己预期的要强大。

损失规避的另一方面在于，由于我们害怕巨大的损失，往往会忽视慢慢流失的少量支出积少成多的量。比方说，你投资数额的微小差距，在其他条件相等的情况下，也可能会导致收益上的巨大影响。你在美国政府证券交易委员会（US Government's Securities and Exchange Commission）的第一张图表上，就可以直观地看到这方面的消息。在现实世界中，百分之零点几的差异或许意味着要多工作一年甚至更久，你才能达到财务自由的退休目标。关于这个话题的一般性原则，可以回顾第五章的内容，在那里探讨了细微的无效行为是如何对我们产生巨大影响的。你可以选用一款应用软件来自动追踪你的费

用，向你直观地展示实际上花费了多少钱。

不要觉得损失规避是你一个人的问题。我们所讨论的认知偏差都是关于人类的普遍问题，而非你一个人的。因此没有必要陷入羞愧和自我批评。在面对损失规避的时候，进行好的决策是非常难的，更不要说做到万无一失了。因此，正如我们之前提及的一样，要让"好"的行为成为你的习惯，以此最大限度地减少关注这方面行为所耗损的精力。

学会采用成长的心态。你对损失规避的认识方式，会影响到自己的决策。不过这仅仅意味着你要相信自己的能力可以提升，而非坚信某些能力是你天生就有，或者毕生都难以拥有的。

如果你对投资抱有担忧的心态，可以跟你的熟人聊聊他们是如何度过低迷时期的，比如2008年的金融危机。了解他们经历了何种损失，又是如何处理损失以及重新振作的。

"沉没成本"陷阱其实是损失规避的一个分支。我之前提及的沉没成本是关于时间与努力的。我们来看一个涉及金钱的例子：假如你花了600美元修好的车，才过了几个月就又坏了，还需要400美元重新修理。相比于一开始就让你花1000美元来修车，你很可能因为之前已经花了600美元，而选择再花剩下的400美元。这是为什么呢？因为如果不花掉额外的400美元，你会觉得自己丧失了之前花掉的600美元中绝大部分的效用。即使你在理性上知道现在面对的问题就是自己在"用钱打水漂"，但你很难在心理上放弃已经花掉的600美元的价值。在我们需要取消订阅一些花了钱却还没用过的业务时，也容易这种沉没成本陷阱。你很难不那么认为：继续使用这些业务，能好歹抵掉已经花掉的钱。然而这在理性上并没有什么根据。

拥有坚定的财务目标，促使你做出更好的财务决策

如果你没有一个有意义并且令自己信服的目标，那你很可能忽视掉机会成本。这个原则在任何时候都是适用的。无论你现在的目标是存下一笔"应急基金"，还是更有野心地想要在40岁实现财务自由。

解决办法：

一旦你产生了金钱上的目标，你就应该在脑海中进行计算，自己做出的各个不同的选择中，哪些会加快你实现目标，哪些又会减慢其实现。"如果我在这上面花一笔钱，那距离我实现目标又推迟了好几个月"或者"如果我做了这件事，那我的目标又可以提前好几个月实现"。你并不需要总是在长远目标上做出抉择，但起码要偶尔这样做。

你应该考虑一下留存着不会用到的东西产生的机会成本。比方说，你的房子周围有一些没什么价值的杂物。你认为总的来说可以以1000美元卖掉它们。诺贝尔经济学奖奖得主丹尼尔·卡尼曼（Daniel Kahneman），在这种情况下可以采用"过夜测试"

来克服损失规避。想象一下，一夜醒来有人来用 1000 美元买你这堆东西。你会拿着这笔钱去买同样的一堆东西吗？如果不会，那你显然可以卖掉这堆东西了。你可以将过夜测试用于任何类型的事物的评估，比如你持仓的股票。你要常常计算手头东西的成本，看看它是如何影响你的主要财务目标的。比方说："如果我在克雷格清单网站上卖东西赚了 1000 美元，用这笔钱来投资，那我就能提前好几个月实现自己的财务目标了！"

由于损失规避是个很难跳脱的怪圈，因此转向更理性的思考，进而采取行动更是难上加难。选择一个问责伙伴来帮助你完成接下来的工作，或许是很有用的。

在经济学领域，人们会讨论金钱实现"可替代"的方法。这个有趣的词可能会让下面的观念更容易记住。"可替代"的基本意思就是可以互相交换。你可以从投资回报率和机会成本的角度，来考虑任何关于金钱的决策。例如，用更加节能的灯泡取代旧的灯泡，或者采用什么方式，将家里的绝缘材料换一遍。你可能会进行评估，改善家里的能源利用效率，其产生回报的可能性要比现在买股票高，但是又不如立刻还清信用卡那么急切。因此你会在还清信用卡债务以后，优先考虑改善家里的能源效率，然后再考虑投资股票。（我在这里只是提供一个假设，你的计算需要基于自己的实际情况。）

如果为退休存钱让你感到压抑，那么这条策略可以让你转向另一个更令你兴奋的目标。你可以先考虑"财务自由"，而不是退休。在这一点上，你可以完全通过投资来赚取收入，其收入可以支持你的一切花销，而你并不需要工作来赚钱。这时候你仍然选择工作，就可能是出于其他原因了。一些模型显示，当你的投资收入在年支出的 25~28 倍时，就可以实现财务自由。如果你每年支出 3.5 万~4 万美元，那你就需要 100 万美元，而每年支出在 7 万~8 万美元则需要 200 万美元。基于这个理论，只要你的投资收益达到这个级别，你就完全实现了财务自由。也就是说，你可以在金钱用之不竭的情况下，每年无须为自己的生计奔波了。

　　另一种计算财务自由的方法是，如果将自己一半的收入用以投资，那么你就有可能在 16 年以内，从零增长实现完全的财务自由。如果你仅仅用 5% 的收入用来投资，那么这个目标的实现可能需要 50 年以上。我并不是专业的投资顾问，因此你完全可以自己进行调查，并且得到自己的结论，不过这的确是种更加有趣，可以替代退休储蓄的思路。某一种选择比如一直工作到 65 岁左右甚至更老，这看起来实在太"正常"不过了。毕竟大多数人都是这样干的，但是的确存在着其他的选项。这个例子也能很好地表明，有时候想法宏大一些，其实是更好促进行动的必要条件。宏大的愿望并不一定就比小心愿难以实现。将一半的收入存起来，实际上要比存一点点钱容易，因为其目标更有吸引力，也可以促使你的开支方式得到极大的转变。

　　节省金钱有时候和获取更多闲暇是相辅相成的。然而，如果你需要从中做出权衡，下面有一些研究表明，将时间看得比金钱更重要，能够让我们更加幸福。

解决排斥心理不适的问题

我们之前已经提到了一些例子，阐述了对于心理不适的低容忍度，可能会影响我们的金钱决策。比方说你因为害怕投资而拒绝任何的投资。这还会对你的其他方面造成什么影响呢？你可能会嫉妒某个乘坐商务舱出行的朋友。因此在下一场旅行时你也为自己订商务舱，而你可能根本支付不起。又或者，你在无聊、劳累或者寂寞的时候会过度消费。你可以重新回顾我们在第四章所提到的方法，关于如何用适合的方式处理不适的情感。

如果你很容易感到焦虑，那你大概会有一个癖好，就是喜欢确定性，讨厌不确定。即使这种不确定从本质上来说，根本没有风险，也不会产生损失，甚至不确定的方案还可能是产生更大效益的绝佳机会。比方说这样一种情况，你可以将汽车以相对较低，但是比较固定的价格卖给二手车商。而要是自己卖的话，什么时候卖出去、具体能卖多少钱就比较不确定。然而，你只有想自己卖掉的情况下，才会做这类核算，否则往往会直接卖给二手车商。这种选择对你来说是永远存在的。如果你愿意在情感上忍受一定的不确定性，你可能会愿意追求更高的收益方案。你应该了解自己的个人思维模式，想出一个方案，来规避由于不愿忍受一时的焦虑与不确定性而导致的投资失误。

……

不要做贪小便宜误大事的人

我想以一些给过度消费的人的建议，来结束这一章的内容。这些关于金钱的窍门，往往是针对那些过度消费的人，但"贪小便宜误大事"可能会对你的整体财务状况以及／或者你的生活满意度造成不利影响。这里有一些关于这种倾向的自我厌弃模式。你可以在和你有关的部分着重标记。这类人往往有以下特点：

- 在决策过程中，不会考虑到非货币成本，例如购买联程航班以至于到达目的地的时候已经精疲力竭，而他们原本只需要多花 50 美元就可以轻松抵达。

- 开车绕更远的路，只为省一点点钱。比如开车穿了一整个镇子，只为省下 5 美元。

- 在购买工具的时候克扣成本，而很显然这些工具的投资回报率本可以很高。

- 为了等着打折降价，迟迟不买某样东西，直到它降至理想的价格，即使这样做已经给自己带来了焦虑和不便。

- 对一些明明可以以很低的价格找个行家来完成的事情，非要亲力亲为，花出去的时间相比之下更加宝贵。他们忽视了这样做的机会成本：他们原本可以用这些时间来做物质与精神上都更加合算的事情。

- 因为一点小钱和亲人反目。

- 在金钱上有控制欲。比方说在合理的房屋改造方面，对伴侣的开销进行完全没必要的控制。

- 由于成本的增加，而拒绝进行一些维护工作。这就导致自己要么生活在失修的环境当中，要么就要事后花掉更多的成本，而这些开销原本是可以通过适时维护来避免的。

- 过度倾向于损失规避，以至于将大量的资产变现。

- 他们会花大量的时间来管理小额资产，却不去优化大笔的收益。比方说，他们倾尽所能去买折扣品而不买大牌商品，却很多年没有要求涨薪。

解决办法：

试着列出一个清单，思考一下金钱为什么对你重要。比方说，你希望自己有能力：在医疗健康方面的花费不假思索，办更快的网络，吃想吃的美食，旅行会见朋友和家人……

对于倾向于贪小便宜的人来说，不要在小额钱财上面过度焦虑，重要的是那些没有被注意到的大问题。因此，本章其他地方的许多建议，都是为了帮助人们看清大局。

特别要注意计算你做出的选择的机会成本。比方说，选择预先准备好的食物，可以帮助你在某天多工作一小时。总之你可以灵活调节事情的优先级，而不是永远固守一种选择。

采用80%概率会获得收益的解决方案。比方说，我会使用"沃尔玛储存器"这类应用软件，它可以自动将食杂用品的价格与其他商店相比对。这样做可以在购物的时候获得大量优惠折扣，而消耗的时间和精力却要少得多。

接受自己犯错误。你买了东西又后悔的频率是怎样的？快速决策会产生什么样的价值？

如果你想更加自在地把钱用在想要的奢侈品上，可以想想自己脑海中的"奖励中心"到底是怎样被激活的。比方说，加入我买了一张有折扣的礼品卡（给自己用），我会因为享受了折扣而感觉非常开心，相比于没买那张礼品卡，我在这家店里花的钱还要更多。如果这条建议是针对过度消费者，那主要是希望他们能减少促销活动的参与，但如果针对消费不足者，那就会起到相反的作用。相比于花掉真的钱，花掉一些类似礼品卡、消费积分或者点数这样的"趣味钱币"就要容易一些。

不要觉得你的时间只有花在有偿工作上才是值得的。人们给时间赋予货币价值会带来一个问题：大多数人不会多花一个小时，来思考自己是否应该雇一个人来打扫房子以及诸如此类的事。请记住，我们需要时间来进行娱乐和放松，这样才能清晰地观察自己所有的选择，在不同类型的信息之间进行选择，进而让我们的脑子足够清醒以做出更好的决策（当然更重要的是享受生活！）。

未完待续

- 纵观本章的所有内容，哪些是看起来可以立刻为你所用的？

- 有哪些观点是你很感兴趣，但是就现在来说，你还没有计划好采用这个观点的？立刻行动起来订个计划吧！

后 记

祝贺你已经读到了本书的结尾！现在是时候回到第一章去看看当时设定的目标，并且对自己的完成程度做个评估了。

如果你当时没有设定目标，现在你还有个机会。我会给你提个小小的建议，因此你也不必迷茫于过多的选择之中：选择 5 个你想要应用于生活中的观点。你可以看一下之前画的重点和笔记，以便做出选择。没有必要太过于纠结自己的选择，只要挑出 5 种观点就好。

做完这一步，这里有两条建议可以帮助你从自我厌弃模式中解脱出来，同样也能帮助你避免重新陷入之前的旧习。

继续前进——每周自检

建议你每周做一次自检，借此对前一周进行回顾。假如你产生了任何自我厌弃行为，想想可以如何改进自己的做法。书中（或者自己脑海中）有什么策略是可以用到的呢？

在自检的过程中，也要对即将到来的一周有所展望，即是否有机会将你在书中读到的观点和策略运用到行动中来。可以优先采用那些产生持续收益的行为，它们无须你"坚持不懈"地努力。保证自己对生活中的各个领域都有所关注，包括你个人的自我调节（愉悦度和健康等方面）、组织关系、人际关系、金钱和工作。

6~12个月后再翻开这本书

我们已经携手做了很多事情。若你在几个月以后，重新读到那些让你最受用的内容，或许你会产生不同的视角。你或许会在重读中获得新的见解，将材料中的内容与你的生活和行为以新的方式联系起来。

总结

感谢你与我共度这段旅程。非常鼓励你们将我所提供的路线图为自己所用，发挥你的创造力！衷心希望你将在书中学到的东西，灵活地运用到追求对你来说意义最深远的事物上去。